bibliographia geodaetica

Akademie-Verlag Berlin

Volume 24 · 1986 · Number 5

ISSN 0006-1239 bibl. geod., Berlin 24 (1986) 5, pag var

BIBLIOGRAPHIA GEODAETICA

International Geodetic Documentation

Booklet of reports of the
International Association of Geodesy
Technical University of Dresden, GDR

Published by the National Committee of Geodesy and Geophysics of the Academy of Sciences of the German Democratic Republic
Prof. Dr.-Ing. habil. Lothar Stange, president

Edition by the Centre of International Documentation of Geodesy, Technical University of Dresden, with application of the "Automatisiertes Informations- und Dokumentationssystem" (AIDOS) for Geodesy, Photogrammetry and Cartography of the GDR
Dr.-Ing. Heinz Finger, manager

AKADEMIE-VERLAG · BERLIN

bibliographia geodaetica	Volume 24 1986 No. 5	pag. var.	Berlin 1986

bibliographia geodaetica

Special Bibliography

Set A

Management and Organisation at Geodesy and Cartography, Neigh- and Cross-Section Fields

Part 7 · 1986

Akademie-Verlag Berlin

Volume 24 · 1986 · No. 5

Set A · Part 7

THEORIA CUM PRAXI

ISSN 0006-1239 bibl. geod., Berlin 24 (1986) 5, Set A, Part 7

12 GEODAESIE, FOTOGRAMMETRIE UND KARTOGRAFIE
12.01 ALLGEMEINE FRAGEN DER GEODAESIE,FOTOGRAMMETRIE UND KARTOGRAFIE
12.01.05 WECHSELBEZIEHUNGEN DER GEODAESIE, FOTOGRAMMETRIE UND KARTOGRAFIE MIT ANDEREN WISSENSCHAFTSZWEIGEN UND TAETIGKEITSGEBIETEN

0001

UEBER DEN BEITRAG DER FERNERKUNDUNG ZUR ENTWICKLUNG MODERNER GEODAETISCH-KARTOGRAPHISCHER INFORMATIONSPROZESSE / MAREK, KARL-HEINZ

IN: VERMESSUNGSTECHNIK
BERLIN 34(1986)4. - S. 111-113

> L191,Z46., B103., 88/19.

12.01.05, 12.29
DIE FERNERKUNDUNG DER ERDE ERFORDERT IN ZUNEHMENDEM MASSE HOCHLEISTUNGSFAEHIGE TECHNOLOGIEN ZUR VERARBEITUNG, SPEICHERUNG UND NUTZERADAEQUATEN BEREITSTELLUNG VON DATEN UND INFORMATIONEN UEBER ERDRESSOURCEN U. NATUERL. UMWELT. SIE WIRD WIRKSAM UEBER DIE KARTOGRAPHIE UND ERREICHT BESONDERE EFFEKTIVITAET NACH INTEGRATION IN DIGITALE GEOINFORMATIONSSYSTEME. DIE MIT MODERNEN INFORMATIONS- UND KOMMUNIKATIONSTECHNOLOGIEN MOEGLICHE VERARBEITUNG VON GEOINFORMATIONEN FUEHRT ZUR NEUGESTALTUNG DER GEODAETISCH-KARTOGRAPHISCHEN INFORMATIONSPROZESSE.

=FERNERKUNDUNG, KOSMONAUTIK, GEODAESIE,
=KARTOGRAFIE, =INFORMATIONSTECHNIK,
ENTWICKLUNGSRICHTUNG
DTSCH. A 5.098

12.01.09 GESCHICHTE DER GEODAESIE, FOTOGRAMMETRIE UND KARTOGRAFIE

0002

GOTHAER GEOGRAPHEN UND KARTOGRAPHEN : BEITRAEGE ZUR GESCHICHTE DER GEOGRAPHIE UND KARTOGRAPHIE / SUCHY, GOTTFRIED (HRSG.)

GOTHA:HERMANN HAACK GEOGRAPHISCH-KARTOGRAPHISCHE ANSTALT, 1985. - 144 S.
(GEOGRAPHISCHE BAUSTEINE. NEUE REIHE ; 26)

> L191, 8754.

12.01.09
SAMMLUNG VON KURZBIOGRAPHIEN, DIE WERK UND WIRKEN HERVORRAGENDER PERSOENLICHKEITEN IN DER GOTHAER GEOGRAPHISCH-KARTOGRAPHISCHEN ANSTALT UND DEREN TAETIGKEIT IM ZUSAMMENHANG MIT DER ENTWICKLUNG UND DEN PROGRESSIVEN TRADITIONSLINIEN DES VERLAGES DARSTELLT.

=GESCHICHTE, KARTOGRAFIE, GEOGRAFIE, =VERLAG, DDR, DEUTSCHLAND
DTSCH. A 5.160

12.01.17 INTERNATIONALE ZUSAMMENARBEIT UND TAETIGKEIT INTERNATIONALER ORGANISATIONEN DER GEODAESIE, FOTOGRAMMETRIE UND KARTOGRAFIE

0003
INTERNATIONALES SYMPOSIUM "REZENTE ERDKRUSTENBEWEGUNGEN" / LEONHARDT, G.

IN: VERMESSUNGSTECHNIK
BERLIN 34(1986)3. - S. 100-101

> L191, Z46., 88/19., B103.

12.01.17, 12.15.09
1. BIS 5. OKT. 85 IN BUDAPEST. 35 VORTRAEGE ZU FOLGENDEN THEMENKREISEN: AUSWERTUNG VON WIEDERHOLUNGSNIVELLEMENTS ZUR ERMITTLUNG VERTIKALER KRUSTENBEWEGUNGEN UND DEREN KARTENMAESSIGE DARSTELLUNG; ZUSAMMENWIRKEN GEOWISSENSCHAFTLICHER DISZIPLINEN BEI DER INTERPRETATION UND BEWERTUNG VERTIKALER KRUSTENBEWEGUNGEN;METHODISCHE FORSCHUNGEN ZUR MESS- UND AUSWERTETECHNOLOGIE SOWIE ZUR ERSCHLIESSUNG NEUER VERFAHREN.

=KONFERENZ, =ERDKRUSTENBEWEGUNG, UNGARN, 1985, KARTE DER ERDKRUSTENBEWEGUNG
DTSCH. A 5.174

12.01.21 FORSCHUNG IN GEODAESIE, FOTOGRAMMETRIE UND KARTOGRAFIE

0004

GEDANKEN ZUR ERNEUERUNG DER PRODUKTION IN GEODAESIE UND KARTOGRAPHIE / LANG, HERBERT

IN: VERMESSUNGSTECHNIK
BERLIN 34(1986)2. - S.38-39

> L191, Z46., 88019., B103.

12.01.21, 12.01.75
AUSGEHEND VON DEN GESELLSCHAFTLICHEN ANFORDERUNGEN, PRODUKTION UND DER ERZEUGNISERNEUERUNG IN GEODAESIE UND KARTOGRAPHIE DARGESTELLT.ZU DEN HAUPTQUELLEN DER KUENFTIGEN ERZEUGNISERNEUERUNG GEHOEREN VORHANDENE ODER NEU ZU SCHAFFENDE BESTAENDE DIGITALER TOPOGRAPHISCHER DATEN SOWIE DIE DATENSPEICHER STAATLICHER GEODAETISCHER NETZE UND IHRE MULTIVALENTE NUTZUNG IN VERBINDUNG MIT INFORMATIONEN UEBER THEMATISCHE SACHVERHALTE

=GEODAESIE, =KARTOGRAFIE, =PRODUKTION, ENTWICKLUNGSRICHTUNG, ERZEUGNIS, WISSENSCHAFTLICH-TECHNISCHER FORTSCHRITT
DTSCH. A 5.177

12.01.29 WISSENSCHAFTLICH-TECHNISCHE INFORMATIONSTAETIGKEIT IN GEODAESIE, FOTOGRAMMETRIE UND KARTOGRAFIE

0005

GEDANKEN ZUR VERVOLLKOMMNUNG DER WISSENSCHAFTLICH-TECHNISCHEN INFORMATIONSTAETIGKEIT IM VEB KOMBINAT GEODAESIE UND KARTOGRAPHIE / BAER, BAERBEL

IN: VERMESSUNGSTECHNIK
BERLIN 34(1986)3. - S. 83-85

> L191, Z46., 88/19., B103.

12.01.29
DARLEGUNG DER ANFORDERUNGEN AN INHALT METHODIK UND TECHNIK DER WISSENSCHAFTLICH-TECHNISCHEN INFORMATIONSTAETIGKEIT, DIE ZU NUTZENDEN

INFORMATIONSFONDS SOWIE AN DIE KADER DER WISSENSCHAFTLICH-TECHNISCHEN INFORMATION, UM DIE ERFUELLUNG DER AUFGABEN VON WISSENSCHAFT UND TECHNIK WIRKSAM ZU UNTERSTUETZEN.

VEB KOMBINAT GEODAESIE UND KARTOGRAFIE,
=INFORMATIONSTAETIGKEIT, INFORMATIONSBEDARF,
INFORMATIONSFONDS, =IWT
DTSCH. A 5.168

12.01.33 NACHSCHLAGEWERKE, LEHRMATERIALIEN UND TERMINOLOGIE DER GEODAESIE, FOTOGRAMMETRIE UND KARTOGRAFIE

0006
ELEKTRONISCHE STRECKENMESSUNG / BOLSHAKOW, V. D. ; DEUMLICH, F. ; GOLUBEV, A. V. / VASILEV, V. P.
BERLIN: VERLAG FUER BAUWESEN, 1985. 255 S.

> L191, 8750.

12.01.33, 12.15.33, 73.07
GRUNDLAGEN DER STRECKENMESSUNG MIT HILFE ELEKTROMAGNETISCHER WELLEN. EINFLUSS DER ATMOSPHAERE AUF ELEKTRONISCHE STRECKENMESSUNGEN. ELEKTROOPTISCHE STRECKENMESSUNG. MIKROWELLENSTRECKENMESSGERAETE. MATHEMATISCHE BEARBEITUNG DER STRECKENMESSUNGEN.

=ELEKTROOPTISCHE ENTFERNUNGSMESSUNG, ELEKTRONISCHES GERAET, AEUSSERER EINFLUSS, =ELEKTROMAGNETISCHE ENTFERNUNGSMESSUNG, MIKROWELLENENTFERNUNGSMESSUNG
DTSCH. A 5.159

12.01.75 LEITUNG, PLANUNG UND OEKONOMIE IN GEODAESIE, FOTOGRAMMETRIE UND KARTOGRAFIE

SIEHE AUCH: 0004

12.01.79 KADER IN GEODAESIE, FOTOGRAMMETRIE UND KARTOGRAFIE UND IHRE AUSBILDUNG

0007
GEDANKEN ZU EINEM ZEITGEMAESSEN TECHNIKSTUDIUM / NOEBAUER, W.

IN: OESTERR. Z. VERMESS.-WESEN U. PHOTOGRAMM.
BADEN B. WIEN 73(1985)3. - S. 184 - 189
UEBERS. D. SACHT.: THROUGH TO AN UP-TO-DATE UNIVERSITY EDUCATION INTECHNICAL SCIENCES

> 88/19, Z 14., L191., B103.

12.01.79
DIE ENTWICKLUNG DER TECHNIK FUEHRTE ZUR AUSBILDUNG TECHNISCHER FACHKRAEFTE. PERSOENLICHKEITSBILDENDE FAKTOREN DES TECHNIKSTUDIUMS WAREN STRENGE REGLEMENTIERUNG (KAUM AKADEMISCHE FREIHEIT), SCHARFE ABGRENZUNG IN FACHLICHER HINSICHT,FAST AUSSCHLIESSLICH MAENNERGESELLSCHAFT. DIE VERAENDERTE EINSTELLUNG ZUR TECHNIK IN JUENGSTER ZEIT LAESST DIE FRAGE AUFKOMMEN, OB DIE INGENIEURAUSBILDUNG NOCH DEN ANFORDERUNGEN GENUEGT. EINE REFORM SCHEINT NOTWENDIG. IN DER GEODAESIEAUSBILDUNG SOLLTEN MANAGEMENT, MENSCHENFUEHRUNG FREMDSPRACHEN UND GRUNDFRAGEN DES UMWELTSCHUTZES AUCH BEHANDELT WERDEN.

STUDIUM, TECHNIK, TECHNISCHE HOCHSCHULE, OESTERREICH
DTSCH. A 5.404

12.01.93 ARBEITS- UND GESUNDHEITSSCHUTZ IN GEODAESIE, FOTOGRAMMETRIE UND KARTOGRAFIE

0008

SRAVNITEL'NYE OFTAL'MOEHRGONOMICHESKIE DANNYE PRI RABOTE S FOTOMATERIALAMI RAZNOGO CVETA / PORTNOVA, O.V. ; OSIPOV, G.I. ; KRUPNOV, V.V.

IN: GEOD. I KARTOGR.
MOSKVA 61(1985)11. S. 36 - 38
UEBERS. D. SACHT.: VERGLEICHENDE OPHTHALMOLOGISCHERGONOMISCHE DATEN BEI DER ARBEIT MIT PHOTOMATERIALIEN UNTERSCHIEDLICHER FARBE

> L191,Z29., B103., 88/19.

12.01.93, 12.29.25
SILBERFREIE (GELBGRUENE) MONOCHROMATISCHE HALBTON-DIAPOSITIVKOPIEN DER BILDNEGATIVE WEISEN IM VERGLEICH ZU SCHWARZWEISSKOPIEN BESSERE OPHTHALMOLOGISCH-ERGONOMISCHE KENNWERTE AUF.BEI IHRER STEREOAUSWERTUNG VERBESSERN SICH DIE SEHFUNKTIONEN, UND DIE ALLGEMEINE ERMUEDBARKEIT DES AUSWERTERS VERRINGERT SICH. DIE VERSTAERKUNG DES

KONTRASTES DER SCHWARZEN MESSMARKE UND EIN HOEHERES AUFLOESUNGSVERMOEGEN DER MONOCHROMATISCHEN PLATTEN ERHOEHT DIE GENAUIGKEIT DER STEREOMESSUNGEN.

=STEREOAUSWERTUNG, =ERGONOMIE, ARBEITSBEDINGUNGEN
RUSSISCH A 5.130

12.15 HOEHERE GEODAESIE, GEODAETISCHE MESSVERFAHREN UND IHRE BEARBEITUNG
12.15.09 PHYSIKALISCHE GEODAESIE

SIEHE AUCH: 0003

12.15.33 GEODAETISCHE MESSVERFAHREN

SIEHE AUCH: 0006
0037
0030

12.15.37 MATHEMATISCHE BEARBEITUNG GEODAETISCHER MESSUNGEN

SIEHE AUCH: 0023

12.29 FOTOGRAMMETRIE UND FERNERKUNDUNG

SIEHE AUCH: 0001

12.29.05 GRUNDLAGEN DER FOTOGRAMMETRIE UND FERNERKUNDUNG

0009
MULTISPEKTRALE LUFTBILDANALYSE ZUR AUSGLEIEDERUNG VON BODENEROSIV GESCHAEDIGTEN STANDORTEN / SCHROEDER,HILMAR

IN: PETERMANNS GEOGR. MITT.
GOTHA 130(1986)2. - S.129 - 133

> 88/19, Z62.

12.29.05, 53.19
FUER BODENEROSIV GESCHAEDIGTE AREALE IM MITTELSAECHSISCHEN LOESSHUEGELLAND WERDEN

KAUSALZUSAMMENHAENGE ZWISCHEN DER SCHWAERZUNG IN MULTISPEKTRALEN BILDSAETZEN UND DEN INHALTSSTOFFEN DES PFLUGHORIZONTS (NORMALE HUMUSSCHICHT NICHT ERODIERTER BOEDEN ODER Z.B. TONANREICHERUNGEN EHEMALS TIEFERER HORIZONTE) NACHGEWIESEN. IM 2-DIMENSIONALEN MERKMALSRAUM ERWIES SICH DIE KOMBINATION DER KANAELE 4 6 ALS OPTIMALE TRENNUNGSVARIANTE.

FERNERKUNDUNG, =DDR, =MULTISPEKTRALAUFNAHME, BODENEROSION, DDR, HUEGELLAND
DTSCH. A 5.384

12.29.25. FOTOGRAMMETRISCHE AUSWERTUNG

SIEHE AUCH: 0008

12.33 KARTOGRAFIE
12.33.25 KARTOGRAFISCHER HERAUSGABEPROZESS

SIEHE AUCH: 0036

20 LEITUNG UND ORGANISATION DER GESELLSCHAFTLICHEN PRODUKTION

0010
INFORMATIONSVERARBEITENDE TECHNIK IM DIENSTLEISTUNGS- UND VERWALTUNGSBEREICH - BETRACHTUNGEN AUS SOZIOLOGISCHER SICHT / BARBARINO, IRINA

IN: SOZIAL. ARB.-WISS.
BERLIN 30(1986)3. - S. 206-211

> L191, 2168.

20
ERLAEUTERUNG DER BESONDERHEITEN IN BEZUG AUF ARBEITSINHALT UND -BEDINGUNGEN,QUALIFIKATION UND BILDUNG, NUTZUNG DES GESELLSCHAFTLICHEN ARBEITSVERMOEGENS UND DIE EINSTELLUNG DER ANGESTELLTEN ZU DEN TECHNISCHEN VERAFNDERUNGEN BEI EINSATZ MODERNER TECHNIK. DIE AUTORIN STUETZT SICH AUF ERSTE ERFAHRUNGEN IN VERSCHIEDENEN EINSATZGEBIETEN.

=EDV-EINSATZ, =GESELLSCHAFTLICHES ARBEITSVERMOEGEN, QUALIFIKATION, GESELLSCHAFTSWISSENSCHAFTEN, =VERWALTUNG, INFORMATIONSTECHNIK
DTSCH. A 5.176

43 MATHEMATIK
43.41 WAHRSCHEINLICHKEITSTHEORIE UND MATHEMATISCHE STATISTIK

0011
PREDICTIVE SPECTRAL ANALYSIS OF SHORT RECORDS USING MAXIMUM ENTROPY / KONOPASKOVA, J.

IN: STUDIA GEOPH. ET GEOD.
PRAHA 29(1985)3. - S. 228-237
UEBERS. D. SACHT.: PRAEDIKTIVE SPEKTRALANALYSE DER KURZREGISTRIERUNGEN UNTER NUTZUNG DER MAXIMALEN ENTROPIE

> VUGTK, 17252., 8103., D5.7., L191,Z10.

43.41
ES WIRD EIN AUF DER PRAEDIKTION EINES SIGNALS MITTELS AUTOREGRESSIONSPARAMETER BASIERENDES VERFAHREN ZUR SPEKTRALANALYSE KURZER ZEITREIHEN VORGELEGT. DIESES VERFAHREN STELLT EINE WEITERENTWICKLUNG DER KLASSISCHEN METHODEN DER SPEKTRALANALYSE UNTER BERUECKSICHTIGUNG DER GRUNDIDEEN DER METHODE DER MAXIMALENTROPIE VOR. DAS VORGELEGTE VERFAHREN BESITZT IM VERGLEICH MIT KLASSISCHEN METHODEN EINE HOEHERE AUFLOESUNGSMOEGLICHKEIT BEI DER ANALYSE VON PROZESSEN MIT GUTEM SIGNAL-RAUSCH-VERHAELTNIS. DIE PARAMETER EINES PRAEDIKTIVEN FILTERS WERDEN NACH DER METHODE DER KLEINSTEN QUADRATE BERECHNET, WOBEI ZUR AUSSONDERUNG INSTABILER LOESUNGSGEBIETE EINE SPEZIFISCHE REGULARISIERUNGSMETHODE GENUTZT WIRD.

=SPEKTRALANALYSE, PRAEDIKTION, =ENTROPIE (KYB), REGRESSIONSANALYSE
ENGL. A 5.253

45 PHYSIK
45.29 OPTIK, NICHTLINEARE OPTIK UND QUANTENELEKTRONIK

0012

K OPREDELENIJU SREDNEGO POKAZATELJA PRELOMLENIJA VOZDUKHA PRI IZMERENII RASSTOJANIJJ SAMOLJOTNYMI RADIOGEODEZICHESKIMI SISTEMAMI / DAO KUANG KH'EY

IN: IZVEST. VYSSH. UCHEBN. ZAVEDENIJJ, GEOD. I AEHROFOTOS''JOMKA
MOSKVA 29(1985)4. - S. 49-53
UEBERS. D. SACHT.: ZUR BESTIMMUNG DES MITTLEREN BRECHUNGSINDEX DER LUFT BEI DER ENTFERNUNGSMESSUNG MIT RADIOGEODAETISCHEN SYSTEMEN, DIE AN BORD EINES FLUGZEUGES INSTALLIERT SIND

> L191, Z27., B103., 88/19.

45.29
VORSCHLAG EINER KORREKTURMETHODE EINES BI-EXPONENTIALMODELLS DER ATMOSPHAERE NACH OPERATIVEN METEOROLOGISCHEN DATEN BEI MESSUNGEN MIT RADIOGEODAETISCHEN BORDSYSTEMEN. ERGEBNISSE DER ANWENDUNG DES KORRIGIERTEN MODELLS AUF TESTPROFILEN DER RADIOSONDENMESSUNG DER ATMOSPHAERE BIS ZU EINER HOEHE VON 10 KM. ARBEITSFORMELN ZUR BESTIMMUNG DER HOEHENMASSSTAEBE UND ZUR BERECHNUNG DER ABHAENGIGKEIT DES BRECHUNGSINDEX VON DER HOEHE IM KORRIGIERTEN BI-EXPONENTIALMODELL.

=REFRAKTIONSKOEFFIZIENT, ERDATMOSPHAERE, =MODELL (MATH), =MIKROWELLENENTFERNUNGSMESSGERAET
RUSSISCH A 5.064

0013

DER EINFLUSS DES WINDES BEI DER BESTIMMUNG DER TERRESTRISCHEN REFRAKTION AUS SCHALLAUFZEITDIFFERENZEN / HUEBNER, ERHARD

IN: VERMESSUNGSTECHNIK
BERLIN 34 (1986)4. - S. 128 - 130

> L191,Z46., B103., 88/19.

45.29, 49.21
BEI WINDGESCHWINDIGKEITEN GROESSER ALS 1M/S IST EINE ZUVERLAESSIGE ZIELSTRAHLKORREKTUR INFOLGE REFRAKTION NACH DEM UNTERSUCHTEN VERFAHREN NICHT MOEGLICH. DIE ERFOLGREICHE BERUECKSICHTIGUNG DES IN BODENNAEHE LOGARITHMISCHEN WINDPROFILS IST NUR IN EINEM HORIZONTALEN, HOMOGENEN GELAENDE ZU ERWARTEN.

=REFRAKTION, =WIND (MET), =AKUSTIK, AKUSTISCHE ENTFERNUNGSMESSUNG, METEOROLOGISCHER EINFLUSS

DTSCH. A 5.105

0014
GERAETESYSTEM UND LABORUNTERSUCHUNGEN ZUR BESTIMMUNG DER TERRESTRISCHEN REFRAKTION AUS SCHALLAUFZEITDIFFERENZEN / HUEBNER, ERHARD ; MAASE, EGON ; POTTHOF, HELFRIED

IN: VERMESSUNGSTECHNIK
BERLIN 34(1986)3. - S. 89-91

> L191, Z46., 88/19., B103.

45.29
AUFBAU DES SENDERS UND EMPFAENGERS. MAXIMALE MESSENTFERNUNG BETRAEGT 80 M. UNTERSUCHUNGEN WURDEN DAHER FUER DIE BEDINGUNGEN BEIM PRAEZISIONSNIVELLEMENT DURCHGEFUEHRT.DIE INNERE MESSGENAUIGKEIT DES SYSTEMS GENUEGT UNTER LABORBEDINGUNGEN DEN DAFUER NOTWENDIGEN ANFORDERUNGEN.

=REFRAKTIONSBESTIMMUNG, REFRAKTIONSKOEFFIZIENT, SCHALL, =ZEITINTERVALLMESSUNG, MESSGERAETEDATEN
DTSCH. A 5.170

0015
THEORETISCHE GRUNDLAGEN ZUR BESTIMMUNG DER TERRESTRISCHEN REFRAKTION AUS SCHALLAUFZEITDIFFERENZEN / HUEBNER, ERHARD

IN: VERMESSUNGSTECHNIK
BERLIN 34(1986)2. - S.54-55

> L191, Z46., 88019., B103.

45.29
ERKENNTNISSE ZUR BODENNAHEN REFRAKTION. PRINZIP UND THEORETISCHE BETRACHTUNGEN ZUR ERMITTLUNG DES REFRAKTIONSKOEFFIZIENTEN AUS SCHALLAUFZEITDIFFERENZEN. 12 LIT.

=REFRAKTIONSBESTIMMUNG, SCHALL, REFRAKTIONSKOEFFIZIENT, =ZEITINTERVALLMESSUNG
DTSCH. A 5.181

49 GEOPHYSIK
49.21 METEOROLOGIE

SIEHE AUCH: 0013

53 GEOGRAFIE
53.01 ALLGEMEINE FRAGEN DER GEOGRAFIE

0016
RAEUMLICHE INFORMATIONSSYSTEME FUER DIE GEOGRAPHISCHE FORSCHUNG / INSTITUT FUER GEOGRAPHIE UND GEOOEKOLOGIE AKADEMIE DER WISSENSCHAFTEN DER DDR
LEIPZIG, 1985. - 120 S.
(WISSENSCHAFTLICHE MITTEILUNGEN ; 15)

> L191, 8747.

53.01
ZUSAMMENSTELLUNG VON FORSCHUNGSERGEBNISSEN UEBER RAEUMLICHE INFORMATIONSSYSTEME FUER DIE GEOGRAPHISCHE FORSCHUNG (VORGELEGT AUF DEM SYMPOSIUM DES INST. F.GEOGRAPHIE U. GEOOEKOLOGIE AM 20. NOV. 1984 IN LEIPZIG). SCHWERPUNKTE:VORSTELLUNG EINES EINHEITLICHEN RAEUMLICHEN BEZUGSSYSTEMS ALS GRUNDGERUEST EINE RAEUMLICHEN INFORMATIONSSYSTEMS; ANSATZPUNKTE UND MOEGLICHKEITEN ZUR GEMEINSAMEN INHALTLICH ORIENTIERTEN, RECHENTECHNISCH AUSGERICHTETEN ARBEIT.

=GEOGRAFIE, =INFORMATIONSSYSTEM, FORSCHUNG, AUTOMATISIERUNG
DTSCH. A 5.163

53.19 PHYSISCHE GEOGRAFIE

SIEHE AUCH: 0009

63 KYBERNETIK, RECHENTECHNIK UND AUTOMATISIERUNGSTECHNIK
63.03 ALLGEMEINE FRAGEN UND THEORETISCHE GRUNDLAGEN DER KYBERNETIK, RECHENTECHNIK UND AUTOMATISIERUNGSTECHNIK

0017
SCP-FORTRAN FUER DIE BUERO- UND PERSONALCOMPUTER DES VEB KOMBINAT ROBOTRON / ERKENBRECHER, R. ; TRINKS, D.

IN: N. TECHNIK BUERO
BERLIN 30(1986)1. - S. 24-26

> L191,Z63.

63.03, 63.23
SPRACHBESCHREIBUNG UND AUSFUEHRUNGEN ZUM FORTRAN-COMPILER, DER FUER DAS BETRIEBSSYSTEM SCP IMPLEMENTIERT WURDE. ER ENTSPRICHT BIS AUF DEN WEGGELASSENEN DATENTYP COMPLEX DER FORTRAN-VERSION IV (AIVSI-STANDARD X 3.9-1966). NEBEN DER BESCHREIBUNG DER ENTHALTENEN DATENTYPEN GIBT DER BEITRAG PROGRAMMIERBEISPIELE.

=FORTRAN, HOEHERE PROGRAMMIERSPRACHE, =UEBERSETZUNGSPROGRAMM (DAT), PROGRAMM (DAT), BETRIEBSSYSTEM (DAT), MIKRORECHNER, KLEINRECHNER
DTSCH. A 5.043

0018
EDV-ASPEKTE : SYSTEMPROGRAMME UND PROGRAMMIERSYSTEME: MIT MODULA-2-BERICHT / REDAKTION RECHENTECHNIK DATENVERARBEITUNG (HRSG.)
BERLIN 4(1985)3. - 64 S.

> L191,Z109.

63.03, 63.23
VOM 11. - 15.3.1985 FAND IN WUSTERHAUSEN/DOSSE DAS 7. BETRIEBSSYSTEMSEMINAR STATT. AN DIE PROBLEME DER BETRIEBSSYSTEMENTWICKLUNG IM ENGEREN SINNE SCHLOSSEN SICH FRAGEN DER SYSTEMPROGRAMMIERUNG UND DER PROGRAMMIERSYSTEME AN. DIE ARTIKEL BESCHAEFTIGEN SICH VOR ALLEM MIT SOFTWAREERGAENZUNGEN, MIT ARBEITEN AN PROLOG UND C SOWIE MIT MIKRORECHENTECHNIK-ANWENDUNGEN.AUSFUEHRLICH WIRD UEBER DIE PROGRAMMIERSPRACHE MODULA-2 BERICHTET. SIE IST AUS PASCAL HERVORGEGANGEN UND UNTERSTUETZT MODERNE KONZEPTE MODULAREN PROGRAMMIERENS IN AEUSSERST KLARER FORM UND IST AUF ALLEN IN DER DDR VORHANDENEN RECHNERN, AUF SYSTEMEN DES SKR, DES ESER UND AUF BUEROCOMPUTERN VERFUEGBAR.

=BETRIEBSSYSTEM (DAT), =HOEHERE PROGRAMMIERSPRACHE, PROGRAMMIERUNG, =SYSTEMUNTERLAGE, MIKRORECHNER, KLEINRECHNER, EDVA, PROGRAMM (DAT), UEBERSETZUNGSPROGRAMM (DAT)
DTSCH. A 5.044

63.11 GERAETETECHNIK FUER DIE AUTOMATISIERUNGS- UND RECHENTECHNIK

0019

OPTISCHE DATENSPEICHERUNG AUF PLATTENFOERMIGEN SPEICHERMEDIEN / BERGMANN, HEINZ

IN: BILD U. TON
LEIPZIG 39(1986)1. - S. 19-25

> L191, Z242.

63.11
BESCHREIBUNG DER OPTISCHEN BILDPLATTE (ALS VORLAEUFER),DER COMPACT DISC MIT DIGITALER SPEICHERUNG, DER OPTISCHEN DATENSPEICHERPLATTE MIT PIT-SPEICHERUNG, DER MAGNETOOPTISCHEN DATENSPEICHERPLATTE UND DER OPTISCHEN DATENSPEICHERPLATTE MIT KRISTALLGITTERAENDERUNG. BEISPIELE FUER OPTISCHE DATENPLATTEN UND EINSATZMOEGLICHKEITEN. 11 LIT.

=SPEICHER (DAT), =OPTISCHE INFORMATIONSSPEICHERUNG, ENTWICKLUNGSSTAND
DTSCH. A 5.216

63.23 ANWENDUNG DER AUTOMATISIERUNGS- UND RECHENTECHNIK

SIEHE AUCH: 0017
0018

0020

REDABAS - EIN RELATIONALES DATENBANKBETRIEBSSYSTEM AUS DEM VEB KOMBINAT ROBOTRON FUER BUERO- UND PERSONALCOMPUTER UNTER SCP / HEMPEL, U. ; LOLEY, H.

IN: N. TECHNIK BUERO
BERLIN 30(1986)1. - S. 7-9

> L191,Z63.

63.23
DAS RELATIONALE DATENBANKBETRIEBSSYSTEM REDABAS IST UNIVERSELL EINSETZBAR FUER DIE VERWALTUNG KLEINERER UND MITTLERER DATENMENGEN MIT BUERO- ODER PERSONALCOMPUTER. ES EIGNET SICH FUER ANWENDER OHNE RECHENTECHNISCHE VORKENNTNISSE ALS AUCH FUER

VERSIERTE ANWENDER.LETZTERE KOENNEN MIT DER REDABAS-EIGENEN KOMMANDOSPRACHE KOMPLETTE ANWENDUNGSPROGRAMME SCHREIBEN,SO DASS KEINE BESTIMMTEN EINBETTUNGSKONVENTIONEN EINZUHALTEN SIND. IM ARTIKEL AUSFUEHRUNGEN ZU:GRUNDLEGENDEN EIGENSCHAFTEN, HANDHABUNG, ANWENDUNGSBEISPIELE, BEFEHLSSPEKTRUM, ANWENDUNGSBEDINGUNGEN SOWIE LEISTUNGSPARAMETER UND LIEFERUMFANG. DER BEITRAG ENTHAELT EINIGE PROGRAMMIERBEISPIELE UND EINE BEFEHLSLISTE.

=DATENBANK, =SYSTEMUNTERLAGE, KLEINRECHNER, MIKRORECHNER, SKR, PROGRAMM (DAT), DATENVERARBEITUNG
DTSCH. A 5.040

0021
DAS TEXTPROGRAMM DES ROBOTRON 1715 / HEYDENBLUTH, I.

IN: N. TECHNIK BUERO
BERLIN 30(1986)1. S. 10-11

> L191,Z63.

63.23
DAS TEXTPROGRAMM ARBEITET UNTER STEUERUNG DES BETRIEBSSYSTEMS SCP UND IST EIN MODERNES BILDSCHIRMORIENTIERTES TEXTVERARBEITUNGSSYSTEM MIT INTEGRIERTEN DRUCKFUNKTIONEN ZUR RATIONELLEN HERSTELLUNG VON BRIEFEN UND TEXTEN ALLER ART. NOTWENDIGE HARDWARE. MOEGLICHKEITEN DER TEXTVERARBEITUNG.ERSTELLEN VON TEXTDATEIEN. TEXTKORREKTUR UND VERWENDUNG VON DRUCKSTEUERZEICHEN. DRUCKEN VON TEXTEN. KOMBO-DRUCK.

=DATENVERARBEITUNG, =INFORMATION UND DOKUMENTATION, EDVA, BILDSCHIRMGERAET, KLEINRECHNER, MIKRORECHNER, DRUCKEN (DAT)
TEXTVERARBEITUNG
DTSCH. A 5.041

0022
KOPPLUNG DES BUEROCOMPUTERS ROBOTRON A 5120 AN DEN RECHNER SM 4 / LOEBEL, H. ; ROOSE, H.-D. ; RUHM, R.

IN: N. TECHNIK BUERO
BERLIN 30(1986)1. - S. 20-21

> L191,Z63.

63.23

DIESE KOPPLUNG BASIERT HARDWAREMAESSIG AUF DEN IFSS-ANSCHLUESSEN BEIDER RECHNER UND SOFTWARESEITIG AUF DEN BETRIEBSSYSTEMEN UDOS BZW. SCP SOWIE OS-RW 2.8, DOS-RV. ES WIRD EINE GEPRUEFTE DATENUEBERTRAGUNG IN BEIDEN RICHTUNGEN MOEGLICH. DIE UEBERTRAGUNG GESCHIEHT BITSERIELL ASYNCHRON MIT MAXIMAL 9 600 BAUD. ES WERDEN 800M UEBERBRUECKT. TECHNISCHE PARAMETER. KURZBESCHREIBUNG DER BENOETIGTEN SOFTWARE FUER DIE KOPPLUNG. ANWENDUNGSBEISPIELE. INSTALLATIONSHINWEISE FUER DIE SOFTWARE BEI DER KOPPLUNG.

=MIKRORECHNER, KLEINRECHNER, =DATENUEBERTRAGUNG, EDVA, SYSTEMUNTERLAGE, BETRIEBSSYSTEM (DAT)
DTSCH. A 5.042

0023

ERSTE ERFAHRUNGEN BEIM EINSATZ VON BUEROCOMPUTERN FUER GEODAETISCHE BERECHNUNGEN / STICHLER, STEFFEN ; FREITAG, PETER

IN: VERMESSUNGSTECHNIK
BERLIN 34(1986)3. S. 81-83

> L191, Z46., 88/19., B103.

63.23, 12.15.37
AUSGEHEND VON DER HARDWAREKONFIGURATION DER BUEROCOMPUTER, WERDEN DIE WICHTIGSTEN EINSATZMOEGLICHKEITEN, DAS BETRIEBSSYSTEM UND DIE VERWENDETEN PROBLEMORIENTIERTEN PROGRAMMIERSPRACHEN FUER DEN BC A 5120 IM VEB KOMBINAT GEODAESIE UND KARTOGRAPHIE VORGESTELLT. BERICHTET WIRD UEBER ERSTE ERFAHRUNGEN BEI DER SOFTWAREERSTELLUNG GEODAETISCHER ANWENDERPROGRAMME.

=GEODAETISCHE BERECHNUNG, KLEINRECHNER, SYSTEMUNTERLAGE, BETRIEBSSYSTEM (DAT), =MIKRORECHNER, PROGRAMMIERUNG
DTSCH. A 5.167

0024

THEORETISCHE GRUNDLAGEN DER DIGITALEN BILDVERARBEITUNG : 3. GEBIETSNACHBARSCHAFTSSTRUKTUREN / KLETTE, REINHARD ; VOSS, KLAUS ; HUFNAGL, PETER

IN: BILD U. TON
LEIPZIG 39(1986)2. S. 45-50, 55

> L191, Z242.

63.23
UNTERSUCHUNG DER ZERLEGUNGEN DER PUNKTMENGE P IN PAARWEISE DISJUNKTE,NICHTLEERE ZUSAMMENHAENGENDE MENGEN (DIE SOGENANNTEN GEBIETE).

=DIGITALE BILDVERARBEITUNG, MENGENLEHRE
DTSCH. A 5.219

0025
LOKALE BILDOPERATOREN ZUR MANIPULATION VON GRAUWERTOBJEKTEN UND IHRE IMPLEMENTIERUNG DURCH DEN PROZESSOR GIPP / ROESLER, ULRICH ; SCHWARZE, GUENTER ; TRAN LOI CHUNG

IN: BILD U. TON
LEIPZIG 39(1986)3. - S. 85-89

> L191, Z242.

63.23
MASKENOPERATOREN ZUR RESTAURIERUNG, VERDUENNUNG UND VERDICKUNG VON OBJEKTEN IN BINAEREN RASTERBILDERN WERDEN FUER IHRE ANWENDUNG AUF GRAUWERTBILDER MODIFIZIERT. DABEI LASSEN SICH DIE GRAUWERTAENDERUNGEN DER BILDELEMENTE DURCH UNGLEICHUNGEN STEUERN, DIE SCHRITTWEISE EINE LOKALE BINARISIERUNG BEWIRKEN.DIE EIGENSCHAFTEN DIESER OPERATOREN WERDEN BESCHRIEBEN. DIE OPERATOREN SIND DURCH DEN PROGRAMMIERBAREN PROZESSOR GIIP REALISIERT. 10 LIT.

=BILDUMFORMUNG, ALGORITHMUS, =DIGITALE BILDVERARBEITUNG
DTSCH. A 5.221

73 KONSTRUKTION, FERTIGUNG UND PRUEFUNG VON GERAETEN
73.07 KONSTRUKTION UND PRUEFUNG GEODAETISCHER GERAETE

SIEHE AUCH: 0006

0026
ELEKTRONISCHE THEODOLITE - NEUE ENTWICKLUNGSETAPPE DER THEODOLITE / DEUMLICH, FRITZ

IN: VERMESSUNGSTECHNIK
BERLIN 34(1986)2. - S.40-44

> L191, Z46., 88019., B103.

73.07
WACHSENDE ANZAHL ELEKTRONISCHER THEODOLITE. ERSTE VERSUCHE UND ANWENDUNGEN DES AUTOMATISCHEN WINKELABGRIFFS.MODERNE VERFAHREN DES AUTOMATISCHEN WINKELABGRIFFS.ZUSAMMENSTELLUNG DER IN SERIE HERGESTELLTEN ELEKTRONISCHEN THEODOLITE (TECHNISCHE DATEN, ABBILDUNGEN). 11 LIT.

=THEODOLIT, =ELEKTRONISCHES GERAET, MESSGERAETEDATEN
DTSCH. A 5.178

0027
ZUR PROBLEMATIK DER "INNEREN" UND "AEUSSEREN"GENAUIGKEIT ELEKTROOPTISCHER DISTANZMESSER / WITTE, B.

IN: ALLG. VERMESS.-NACHR.
KARLSRUHE 93(1986)1. - S.18-26

> L191, Z5., B103., 88019.

73.07
DEFINITIONEN ZU DEN BEGRIFFEN "INNERE GENAUIGKEIT" UND "AEUSSERE GENAUIGKEIT" UND DEREN HERLEITUNG AUS UNTERSUCHUNGEN EINES WILD DI5, EINES WILD DI20 UND EINES KEUFFELESSER AUTORANGER-A.

=ELEKTROOPTISCHES ENTFERNUNGSMESSGERAET, =GENAUIGKEITSANFORDERUNG, TERMINOLOGIE, PRUEFEN (TECHN), MESSFEHLER, =STRECKENFEHLER
DTSCH. A 5.202

0028
WILD GRE3 TERMINAL ZA REGISTRACIJU PODATAKA / IVKOVIC, MIRA

IN: GEOD. LIST
ZAGREB 40(1986)1-3. - S. 45-51
UEBERS. D. SACHT.: WILD GRE3 TERMINAL FUER DIE DATENREGISTRIERUNG

> L191, Z94., B103., 88/19.

73.07
BESCHREIBUNG DES WILD GRE3 TERMINALS ZUR DATENREGISTRIERUNG, SEINE ANWENDUNGSMOEGLICHKEITEN UND DAS PRINZIP DER DATENREGISTRIERUNG.

HERSTELLERBETRIEB GEODAETISCHER GERAETE,
=DATENERFASSUNG, =THEODOLIT, ELEKTRONISCHES GERAET,
=REGISTRIERVORRICHTUNG
DTSCH. A 5.212

0029
OPTIMIZATION OF DETERMINING THE ADDITIONAL CONSTANT OF AN ELECTRONIC DISTANCE METER / PRIAM, SH. ; PECAR, J.

IN: STUDIA GEOPH. ET GEOD.
PRAHA 29(1985)2. - S.127-138
UEBERS. D. SACHT.: OPTIMIERUNG DER BESTIMMUNG DER ADDITIONSKONSTANTE EINES ELEKTRONISCHEN ENTFERNUNGSMESSERS

> VUGTK, 17252., B103., D57., L191,Z10.

73.07
VERFAHREN ZUR OPTIMIERUNG DER MESSUNGSANORDNUNG BEI DER BESTIMMUNG DER ADDITIONSKONSTANTE EINES ELEKTRONISCHEN ENTFERNUNGSMESSERS. DAS PRINZIP BESTEHT IN DER MESSUNG VON SECHS ABSCHNITTEN UND EINER GANZEN STRECKE, DIE DIE SUMME EINZELNER ABSCHNITTE IST. DIE LAENGE EINZELNER ABSCHNITTE MUSS FUER JEDEN ENTFERNUNGSMESSER EXPERIMENTELL GETRENNT BESTIMMT WERDEN. DIE GENAUIGKEIT DER MIT HILFE DES VORGELEGTEN OPTIMIERUNGSVERFAHRENS BESTIMMTEN ADDITIONSKONSTANTE IST UM 1/3 HOEHER ALS BEI IHRER BESTIMMUNG NACH DER METHODE DER MESSUNG IN ALLEN KOMBINATIONEN.EIN WEITERER VORTEIL BERUHT IN WESENTLICHER ZEITEINSPARUNG BEI TESTMESSUNGEN. FORMELN ZUR BERECHNUNG DER ADDITIONSKONSTANTE UND IHRES MITTLEREN FEHLERS.

FEHLERBETRACHTUNG, =GERAETEKONSTANTE,
ELEKTROMAGNETISCHE ENTFERNUNGSMESSUNG,
=ELEKTROMAGNETISCHES ENTFERNUNGSMESSGERAET, AUSWAHL DES MESSVERFAHRENS
ENGL. A 5.256

0030
RESULTS OF EDM CALIBRATIONS / BENWELL, G. L. ; MURNANE , A. B. ; SPRENT, A.

IN: AUSTRAL. SURVEY.
SYDNEY 32(1985)6. - S. 422-432
UEBERS. D. SACHT.: ERGEBNISSE DER KALIBRIERUNG ELEKTRONISCHER ENTFERNUNGSMESSER

> VUGTK, 15936.

73.07, 12.15.33
ERGEBNISSE DER KALIBRIERUNG VON VERSCHIEDENEN TYPEN ELEKTRONISCHER ENTFERNUNGSMESSER AUF DEN GOEDAETISCHEN BASEN IN MELBOURNE UND IN TASMANIEN. ES WURDEN JEWEILS 4 BASEN AUFGEBAUT UND IHRE LAENGEN MIT HILFE DES MECOMETERS ERMITTELT. 16 BIS 400 KALIBRIERUNGEN WURDEN AUF JEDER BASIS DURCHGEFUEHRT, WOBEI GERAETE DER FIRMEN AGA, BEETLE, CITATION, HP, KERN, NIKON, SOKKISHA, TOPCON UND WILD GEPRUEFT WURDEN.

=ELEKTROMAGNETISCHES ENTFERNUNGSMESSGERAET, =EICHEN, FELDPRUEFUNG, =KOMPARATOR, AUSTRALIEN
ENGL. A 5.301

0031
GEODETICKE ZAKLADNY PRO TESTOVÁNI ELEKTRONICKYCH DALKOMERU / SHANDA, VACLAV

IN: GEOD. A KARTOGR. OBZOR
PRAHA 32(1986)3. - S. 63-64
UEBERS. D. SACHT.: GEODAETISCHE TESTSTRECKEN FUER ELEKTRONISCHE ENTFERNUNGSMESSGERAETE

> VUGK,12., L191,Z15., 88/19.

73.07
GESCHICHTLICHES ZUR ERRICHTUNG DER TESTSTRECKEN HVEZDA, KOSHTICE (CSR) UND HLOHOVEC (SSR). TOPOGRAPHISCHE UND TECHNISCHE BESCHREIBUNG DER EINZELNEN STRECKEN. BESTIMMUNG DER EINHEITLICHEN LAENGENDIMENSION IM RAHMEN EINES STANDARDISIERUNGSPLANS FUER ZWECKE DER KOMPARIERUNG VON ENTFERNUNGSMESSGERAETEN. ANSCHRIFTEN DER VERWALTER DER TESTSTRECKEN.

=ELEKTROOPTISCHES ENTFERNUNGSMESSGERAET, =TESTMESSUNG, EICHEN
TSCHECH. A 5.341

0032
GEODAETISCHE INSTRUMENTE UND GERAETE : MARKTUEBERSICHTEN UND AUSWAHLKRITERIEN / MEISENHEIMER, DIETER
WIESBADEN:CHMIERLORZ GMBH, 1985. - 71 S.:ABB., TAB.
(SCHRIFTENREIHE "DER VERMESSUNGSINGENIEUR")
ISSN: 3-87-124-021-5

> 88/19, E 141.

73.07
UEBERSICHTEN UND AUSWAHLKRITERIEN VON NIVELLIEREN, THEODOLITEN,ELEKTRONISCHEN STRECKENMESSGERAETEN UND TACHYMETERN ALLER GENAUIGKEITSKLASSEN EINSCHLIESSLICH TECHNISCHER DATEN UND PREISE MIT ABBILDUNGEN DER INSTRUMENTE.

=GEODAETISCHES GERAET, NIVELLIER, ELEKTROMAGNETISCHES ENTFERNUNGSMESSGERAET, ELEKTRONISCHES TACHYMETER, THEODOLIT
DTSCH. A 5.405

73.11 KONSTRUKTION UND PRUEFUNG FOTOGRAMMETRISCHER GERAETE

0033
TESTFELD-KALIBRIERUNG UNTER BERUECKSICHTIGUNG VON BEOBACHTUNGEN UNGLEICHER GENAUIGKEIT / KAHLER, DIETER

IN: BILDMESS. U. LUFTBILDWESEN
KARLSRUHE 54(1986)1. - S. 17-22

> L191,Z2., B103., 88/19.

73.11
FUER DIE BERECHNUNG DER ORIENTIERUNGSPARAMETER BEI TESTFELDKALIBRIERUNGEN SIND DIE BILDKOORDINATEN DER PASSPUNKTE MIT UNTERSCHIEDLICHEN GEWICHTEN IN DIE AUSGLEICHUNG EINZUFUEHREN.BEI ANWENDUNG DIESER METHODE ERHALTEN DIE ORIENTIERUNGSUNBEKANNTEN DEUTLICH GROESSERE VARIANZEN ALS BEI GLEICHGEWICHTIGEN BEOBACHTUNGEN. ALS BEISPIEL WURDE DIE KALIBRIERUNG EINER STEREOMESSKAMMER UNTERSUCHT. 14 LIT.

=MESSKAMERA, =EICHEN, FELDPRUEFUNG, GEWICHT (MATH), STOCHASTISCHER PROZESS, VARIANZ
DTSCH. A 5.048

0034
LUFTBILDMESSKAMMER LMK 21
IN: BILD U. TON
LEIPZIG 39(1986)2. - S. 36

> L191, Z242.

73.11
DIE LMK 21 ERGAENZT DAS AUFNAHMESYSTEM DES KOMBINATES VEB CARL ZEISS JENA DURCH EINEN VIERTEN OBJEKTIVSTUTZEN. DIE MESSKAMMER GEHOERT ZUM "SEMIWEITWINKLER"-TYP, DER SICH OEKONOMISCH DORT VERWENDEN LAESST, WO TROTZ DER ZUR VERMEIDUNG TOTER RAEUME NOTWENDIGEN SCHMALWINKLIGKEIT EINE GUTE HOEHENMESSGENAUIGKEIT ERREICHT WERDEN SOLL (STADTKARTIERUNG,WALDINVENTUREN).

=LUFTBILDMESSKAMERA, VEB CARL ZEISS JENA
DTSCH. A 5.217

73.15 KARTOGRAFISCHE GERAETE

0035
ERFAHRUNGEN BEIM EINSATZ UND PRUEFEN DES UNIVERSALKARTIERGERAETES NACH GRUENDER / RODEMERK, GUNTER

IN: VERMESSUNGSTECHNIK
BERLIN 34(1986)2. - S.44.-45

> L191, Z46., 88019., B103.

73.15
DAS UNIVERSALKARTIERGERAET (UKG) VEREINT DIE VORTEILE DES FELDTISCHVERFAHRENS MIT DENEN DER AUTOMATISCH-MECHANISCHEN RICHTUNGSUEBERTRAGUNG. PARALLEL ZUR HERSTELLUNG DER UKG ERFOLGTE DIE PRUEFUNG UND ERPROBUNG DES GERAETES. DIE ERGEBNISSE DER GERAETEPRUEFUNG SOWIE ERSTE ERFAHRUNGEN BEIM UMGANG MIT DEM UKG WERDEN MITGETEILT UND SOLLEN EINEN GROESSEREN NUTZERKREIS ANREGEN

ZEICHENGERAET, =KARTIERTISCH, =RICHTUNGS- UND ENTFERNUNGSMESSGERAET, KARTIEREN
DTSCH. A 5.179

0036
PLASTOVE FOLIE V KARTOGRAFICKE PRAXI / ZHOFKOVA, DRAHOMIRA

IN: GEOD. A KARTOGR. OBZOR
PRAHA 32(1986)3. S. 64-67
UEBERS. D. SACHT.: PLASTFOLIEN IN DER KARTOGRAPHISCHEN PRAXIS

> VUGK, 12., L191, Z15., 88/19.

73.15, 12.33.25
BESCHREIBUNG UND VERGLEICH DER IN DER CSSR FUER KARTOGRAPHISCHE ZWECKE ANGEWENDETEN PLASTFOLIEN. EIGENSCHAFTEN UND ANWENDUNGSMOEGLICHKEITEN EINIGER TUSCHESORTEN. ERGEBNISSE PRAKTISCHER VERSUCHE MIT VERSCHIEDENEN PLASTFOLIEN UND TUSCHEN, DIE IN EINER TAFEL ZUSAMMENGESTELLT SIND. DIESE ERMOEGLICHT EINE BESSERE ORIENTIERUNG BEI DER AUSWAHL EINER ENTSPRECHENDEN PLASTFOLIE UND DER ZWECKMAESSIGSTEN TUSCHE.

=ZEICHENMITTEL, FOLIE, TUSCHE, =ZEICHENTRAEGER
TSCHECH. A 5.342

73.19 GEOPHYSIKALISCHE GERAETE

0037

RHEOLOGICAL MODELLING OF MEASURING SYSTEMS OF QUARZ GRAVITY METERS / TRESHL, J.

IN: STUDIA GEOPH. ET GEOD.
PRAHA 29(1985)2. - S. 120-126
UEBERS. D. SACHT.: RHEOLOGISCHE MODELLIERUNG DER MESSSYSTEME VON QUARZ-GRAVIMETERN

> VUGTK, 17252., B103., D57., L191, Z10.

73.19, 12.15.33
EINIGE BEI EXPERIMENTELLEN DRUCKUNTERSUCHUNGEN VON QUARZ-GRAVIMETERN AUFTRETENDEN EFFEKTE WERDEN THEORETISCH ANALYSIERT UND VERALLGEMEINERT MIT HILFE EINES MODELLS DES VISKO-ELASTISCHEN KONTINUUMS. AUSGEHEND VON DER LOESUNG ENTSPRECHENDER RHEOLOGISCHER GLEICHUNGEN WERDEN DIE DIE GEGENWIRKUNG DES MESSSYSTEMS IN ABHAENGIGKEIT VOM ZEITGANG DER DRUCKSTOERUNGEN BESCHREIBENDEN MATHEMATISCHEN BEZIEHUNGEN ABGELEITET. DIE ERGEBNISSE KOENNEN BEI DER BERECHNUNG VON KORREKTIONEN DER SCHWEREMESSUNGEN WEGEN LUFTDRUCKAENDERUNGEN GENUTZT WERDEN.

GRAVIMETRIE (GEOW), =GRAVIMETER, SCHWEREBESTIMMUNG, PRUEFEN (TECHN), =KONTINUUMSMECHANIK
ENGL. A 5.255

I N H A L T S V E R Z E I C H N I S

I N H A L T S V E R Z E I C H N I S

A U T O R E N R E G I S T E R

D E S K R I P T O R E N - R E G I S T E R

D E S K R I P T O R E N R E G I S T E R

bibliographia geodaetica

Special Bibliography

Set A

Management and Organisation at Geodesy and Cartography, Neigh- and Cross-Section Fields

Part 8 · 1986

Akademie-Verlag Berlin

Volume 24 · 1986 · No. 5
Set A · Part 8

ISSN 0006-1239 bibl. geod., Berlin 24 (1986) 5, Set A, Part 8

---

12 GEODAESIE, FOTOGRAMMETRIE UND KARTOGRAFIE
12.01 ALLGEMEINE FRAGEN DER GEODAESIE,FOTOGRAMMETRIE UND KARTOGRAFIE
12.01.09 GESCHICHTE DER GEODAESIE, FOTOGRAMMETRIE UND KARTOGRAFIE

0001
ALBRECHT MEYDENBAUER : BAUKUNST IN HISTORISCHEN FOTOGRAFIEN / MEYER, RUDOLF (HRSG.)
LEIPZIG: FOTOKINOVERLAG, 1985. - 259 S.: ZAHLR. ABB.

> L191, 8777.

12.01.09, 12.29.09, 83
MEYDENBAUERS ARBEITEN ZUR ENTWICKLUNG DER PHOTOGRAMMETRIE UND KONSTRUKTION PHOTOGRAMMETRISCHER GERAETE. GRUENDUNG UND ENTWICKLUNG DER MESSBILDANSTALT.

=ARCHITEKTUR, BAUWESEN, =MESSBILD, ENTWICKLUNGSGESCHICHTE, =FOTOGRAFISCHES AUFNAHMEGERAET
DTSCH. A 5.641

12.01.13 NATIONALE WISSENSCHAFTLICH-TECHNISCHE ORGANISATIONEN DER GEODAESIE, FOTOGRAMMETRIE UND KARTOGRAFIE UND IHRE TAETIGKEIT

0002
SURVEYING , CHARTING AND MAPPING PROBLEMS IN PAFUA NEW GUINEA / DONE, P.

IN: GEOGR. J.
LONDON 151(1985)3.- S. 371 - 378
UEBERS. D. SACHT.: VERMESSUNGS- UND KARTIERUNGSPROBLEME IN PAPUA NEU GUINEA

> 88/19, Z108

12.01.13
ASPEKTE ZUM UNBEFRIEDIGENDEN STAND VON KONTROLLMESSUNGEN,KARTIERUNG UND HYDROGRAPHISCHEN ARBEITEN IN PAPUA NEUGUINEA WERDEN ERLAEUTERT. ES WERDEN EINIGE EMPFEHLUNGEN GEGEBEN.WEITERES

SCHRIFTLICHES MATERIAL ZU DIESEM THEMA WIRD IN EINER BIBLIOGRAPHIE AUFGEFUEHRT.

GEODAETISCHES NETZ, =LANDESVERMESSUNG, PAPUA-NEUGUINEA, TOPOGRAFISCHE KARTE, UNTERSUCHUNGSERGEBNIS
ENGL. A 5.743

12.01.75 LEITUNG, PLANUNG UND OEKONOMIE IN GEODAESIE, FOTOGRAMMETRIE UND KARTOGRAFIE

0003
ATTESTACIJA RABOCHIKH MEST-VAZHNYJJ EHLEMENT POVYSHENIJA EHFFEKTIVNOSTI PROIZVODSTVA / BRYKIN, P. A. ; KASHIRNIKOVA, R. P.

IN: GEOD. I KARTOGR.
MOSKVA 62(1986)1. - S. 3 - 8
UEBERS. D. SACHT.: BEWERTUNG DER ARBEITSPLAETZE - EIN WICHTIGES ELEMENT ZUR STEIGERUNG DER EFFEKTIVITAET DER PRODUKTION

> L191, Z29., B103., 88/19.

12.01.75
DIE BEWERTUNG DER ARBEITSPLAETZE UMFASST DIE EINSCHAETZUNG DES ZUSTANDES DER ARBEITSPLAETZE UND DIE FESTSTELLUNG, OB SIE DEN NORMATIVANFORDERUNGEN ENTSPRECHEN. DIE EINSCHAETZUNG ERFOLGT NACH DEM TECHNISCH-TECHNOLOGISCHEN NIVEAU DES ARBEITSPLATZES, NACH ORGANISATORISCH-OEKONOMISCHEN KENNZIFFERN, NACH DEN ARBEITSBEDINGUNGEN UND DER ARBEITSWEISE.

=WISSENSCHAFTLICHE ARBEITSORGANISATION, ARBEITSNORMUNG, GEODAESIE
RUSSISCH A 5.582

12.01.79 KADER IN GEODAESIE, FOTOGRAMMETRIE UND KARTOGRAFIE UND IHRE AUSBILDUNG

0004
THE GEOSCIENCE COMPONENT OF CARTOGRAPHIC EDUCATION
IN: TECHN PAPERS, ACSM-ASPRS FALL CONVENTION : INDIANAPOLIS, INDIANA, SEPTEMBER 8-14, 1985
FALLS CHURCH, VIRG. 1985. - S. 54 - 58

UEBERS. D. SACHT.: DIE GEOWISSENSCHAFTLICHE KOMPONENTE BEI DER AUSBILDUNG

> 88/19, Z41A., L191.

12.01.79, 12.33.05
AN APPARENT LACK OF UNDERSTANDING OF THE CARTOGRAPHER AND CARTOGRAPHY COURSE CONTENT IS DEPICTED BY RESPONDENT'S COMMENTS.

AUSBILDUNG, KARTOGRAFIE, WISSENSCHAFT, USA
ENGL. A 5.790

12.01.81 QUALITAETSKONTROLLE UND QUALITAETSSICHERUNG IN GEODAESIE, FOTOGRAMMETRIE UND KARTOGRAFIE

0005
QUALITY EVALUATION OF PHOTOGRAMMETRIC POINT DETERMINATION / MOLENAAR, M.

IN: PHOTOGRAMMETRIA
AMSTERDAM 40(1985)2. - S"165 - 177
UEBERS. D. SACHT.: BEWERTUNG DER QUALITAET PHOTOGRAMMETRISCHER PUNKTBESTIMMUNGEN

> L191, Z54., 88/19., B103.

12.01.81
ERLAEUTERUNG DES ENTWICKLUNGSSTANDES ZUR THEORIE DER BEWERTUNG VON GENAUIGKEIT UND ZUVERLAESSIGKEIT DER PHOTOGRAMMETRISCHEN PUNKTBESTIMMUNG. DISKUSSION ZUR FORMULIERUNG VON ZIELFUNKTIONEN FUER DIE OPTIMIERUNG VON PUNKTBESTIMMUNGEN. 21 LIT.

STATISTISCHE QUALITAETSKONTROLLE, WAHRSCHEINLICHKEITSTHEORIE, =FEHLERBETRACHTUNG, ENTWICKLUNGSSTAND, =FOTOGRAMMETRISCHE PUNKTBESTIMMUNG + ZIELFUNKTION, OPTIMIERUNG, GEODAETISCHE KOORDINATENBESTIMMUNG
ENGL. A 5.632

12.15 HOEHERE GEODAESIE, GEODAETISCHE MESSVERFAHREN UND IHRE BEARBEITUNG
12.15.37 MATHEMATISCHE BEARBEITUNG GEODAETISCHER MESSUNGEN

0006

RECHENPROGRAMM "AUTOMATISIERTE HOEHENINTERPOLATION" FUER BUEROCOMPUTER / SEYDEL, HERBERT

IN: BAUZEITUNG
BERLIN 40(1986)5. - S. 210-211

> L191, Z199.

12.15.37, 63.23
DIE BISHERIGEN ANWENDUNGEN DES 1985 VORGESTELLTEN PROGRAMMS "AUTOMATISIERTE HOEHENINTERPOLATION" ERGABEN ERHEBLICHE EINSPARUNGEN AN ARBEITSZEIT UND DAMIT DIE REDUZIERUNG DER BEARBEITUNGSDAUER, ERLAEUTERUNG DES PROGRAMMABLAUFS ANHAND EINES BEISPIELS.

=HOEHENBERECHNUNG, MASCHINELLE BERECHNUNG, =PROGRAMM (DAT), =KLEINRECHNER, MIKRORECHNER
DTSCH. A 5.569

12.29 FOTOGRAMMETRIE UND FERNERKUNDUNG
12.29.09 TERRESTRISCH-FOTOGRAMMETRISCHE AUFNAHME

SIEHE AUCH: 0001

12.33 KARTOGRAFIE
12.33.05 THEORETISCHE KARTOGRAFIE

SIEHE AUCH: 0004

20 LEITUNG UND ORGANISATION DER GESELLSCHAFTLICHEN PRODUKTION

SIEHE AUCH: 0036

0007

ARBEITSORGANISATORISCHE EINSATZVORBEREITUNG VON KONSTRUKTEURUND TECHNOLOGEN-BILDSCHIRMARBEITSPLAETZEN
RIEDEL, INGRID

IN: SOZIAL. ARB.-WISS.
BERLIN 30(1986)2. - S. 125-128

> L191, Z168.

20, 63.23
HINWEISE ZUR ERARBEITUNG METHODISCHER UNTERLAGEN FUER DIE EINSATZVORBEREITUNG DER EINFUEHRUNG VON CAD/CAM-LOESUNGEN.ARBEITSORGANISATORISCHE UND ARBEITSWISSENSCHAFTLICHE AUFGABENSTELLUNGEN BEI DER EINSATZVORBEREITUNG DER RECHENTECHNIK. ANALYSETAETIGKEIT ZUR AUSARBEITUNG DER ZIELSETZUNG UND AUFGABENSTELLUNG.

=WISSENSCHAFTLICHE ARBEITSORGANISATION, =TECHNOLOGIE, BILDSCHIRMGERAET, ARBEITSPLATZ
CAD/CAM
DTSCH. A 5.527

0008
WAO-AUFGABEN BEI DER EINSATZVORBEREITUNG VON CAD/CAM-LOESUNGEN / KOENIG, KONRAD ; STEGELITZ, JUERGEN

IN: SOZIAL. ARB.-WISS.
BERLIN 30(1986)2. S. 129-135

> L191, Z168.

20, 63.23
EINBEZIEHUNG DER WAO-ARBEIT BEREITS IN DIE INHALTLICHE UND ZEITLICHE PLANUNG DER E-STUFEN NACH DER NOMENKLATUR DER ARBEITSSTUFEN UND LEISTUNGEN VON AUFGABEN DES PLANES WISSENSCHAFT UND TECHNI.ENTWURF EINES RAHMENPROGRAMMS FUER EINE KOMPLEXE EINSATZVORBEREITUNG.INHALT DER ARBEITSSTUFEN DIESER EINSATZVORBEREITUNG.

=WISSENSCHAFTLICHE ARBEITSORGANISATION, EDV-EINSATZ, AUTOMATISIERTES SYSTEM, =FORSCHUNG
CAD/CAM
DTSCH. A 5.528

0009
ZUR VERVOLLKOMMNUNG DER SOZIALISTISCHEN PLANWIRTSCHAFT UND ZU DEN ANFORDERUNGEN AN DIE NUTZUNG DER EDV / ROST, HARALD

IN: WIRTSCHAFTSWISSENSCHAFT
BERLIN 34(1986)2. - S. 161-175

> L191, Z204.

20, 25
DIESEM BEITRAG LIEGT DER VORTRAG DES VERFASSERS AUF DER 8. TAGUNG "MATHEMATIK UND KYBERNETIK IN DER OEKONOMIE" AM 10.09.1985 IN MAGDEBURG ZUGRUNDE.

MASSNAHMEN ZUR VERVOLLKOMMNUNG DER SOZ. PLANWIRTSCHAFT: DEMOKRATISCHER ZENTRALISMUS. STAERKUNG DER ZENTRALEN STAATL. PLANUNG U. EIGENVERANTWORTUNG DER KOMBINATE. HOHES TEMPO IN DER ENTWICKLUNG DER PRODUKTIVKRAEFTE, NEUER ERZEUGNISSE UND TECHNOLOGIEN (SCHLUESSELTECHNOLOGIEN) UND SOMIT STEIGERUNG DER ARBEITSPRODUKTIVITAET.VERVOLLKOMMNUNG DER LEITUNG, PLANUNG UND WIRTSCHAFTL. RECHNUNGSFUEHRUNG AUF DEM GEBIET DER INVESTITIONEN UND DER GRUNDFONDSREPRODUKTION. WEITERHIN ERLAEUTERUNG VON ANFORDERUNGEN AN DIE NUTZUNG DER EDV.

=PLANUNG, =VOLKSWIRTSCHAFT, WIRTSCHAFTLICHE RECHNUNGSFUEHRUNG, =EDV-EINSATZ, ARBEITSPRODUKTIVITAET, SOZIALISTISCHE DEMOKRATIE, TECHNOLOGIE, KOMBINAT, INVESTITIONEN, GRUNDFONDS, KONFERENZ, RATIONALISIERUNG
DTSCH. A 5.555

0010
MENSCH-MASCHINE-DIALOG ZUR LOESUNG BETRIEBSWIRTSCHAFTLICHER AUFGABEN / KIESCHKE, REINER ; MEUCHE, HANS-FRIEDRICH / KOMBINAT ROBOTRON (HRSG.)
BERLIN: DIE WIRTSCHAFT, 1985. - 128 S.: ZAHLR. ABB.
(SCHRIFTENREIHE INFORMATIONSVERARBEITUNG ; 00)

> L191, 8774.

20, 63.23
GRUNDLAGEN DER ANWENDUNG DES MENSCH-MASCHINE DIALOGS. ERARBEITUNG DILOGORIENTIERTER DATENVERARBEITUNGSPROJEKTE. DATENVERARBEITUNGSSPEZIFISCHE MERKMALE DES MENSCH-MASCHINE-DIALOGS. ANWENDUNGSBEISPIELE.

DATENVERARBEITUNG, =INTERAKTIVE DATENVERARBEITUNG, PRODUKTIONSORGANISATION (TAETIGKEIT)
DTSCH. A 5.644

25 WIRTSCHAFT UND WIRTSCHAFTSWISSENSCHAFTEN

SIEHE AUCH: 0009

29 WISSENSCHAFTSWISSENSCHAFT

0011

ERFINDERFIBEL : SYSTEMATISCHES ERFINDEN FUER PRAKTIKER / ZOBEL, DIETMAR
BERLIN: DEUTSCHER VERLAG DER WISSENSCHAFTEN, 1985. - 148 S.: 32 ABB., 4 TAB.

> L191, 8798.

29

=WISSENSCHAFTLICH-TECHNISCHER RECHTSSCHUTZ, KOMBINATORIK, ERPROBUNG, FORSCHUNG, TECHNISCHE WISSENSCHAFTEN
DTSCH. A 5.642

43 MATHEMATIK
43.41 WAHRSCHEINLICHKEITSTHEORIE UND MATHEMATISCHE STATISTIK

0012

EINE METHODE ZUR ERMITTLUNG PERIODISCHER ANTEILE EINES PROZESSES / JOCHMANN, HORST

IN: VERMESSUNGSTECHNIK
BERLIN 34(1986)1. - S. 18-20

> L191, Z46., B103., 88/19.

43.41
VERFAHREN ZUR BESTIMMUNG DER PERIODISCHEN ANTEILE EINES PHYSIKALISCHEN PROZESSES, MIT DESSEN HILFE PERIODIZITAETEN IN SEHR KLEINEN FREQUENZABSTAENDEN BESTIMMT WERDEN KOENNEN. HINWEISE ZUR INTERPRETATION DER ERGEBNISSE.

=MODELL (MATH), ANALYSE (MATH), SPEKTRALANALYSE, =VERFAHREN ZUR PERIODENSUCHE
DTSCH. A 5.504

45 PHYSIK
45.29 OPTIK, NICHTLINEARE OPTIK UND QUANTENELEKTRONIK

0013

PRIMENENIE EHLEKTRONNO-LUCHEVYKH PRIBOROV DLJA OPREDELENIJA FLUKTUACIJJ CHASTNOGO UGLA VERTIKAL'NOJJ REFRAKCII / KOLOS, A. S.

IN: GEOD. I KARTOGR.
MOSKVA 62(1986)2. - S. 21 - 23
UEBERS. D. SACHT.: EINSATZ VON ELEKTRONENSTRAHLGERAETEN ZUR BESTIMMUNG DER SCHWANKUNGEN DES PARTIKULARWINKELS DER VERTIKALREFRAKTION

> L191, Z29., B103., 88/19.

45.29
UNTERSUCHUNG DER MOEGLICHKEIT DER INSTRUMENTELLEN BESTIMMUNG DER FLUKTUATION DES PARTIKULARWINKELS DER VERTIKALEN REFRAKTION NACH DEN BILDSCHWANKUNGEN, DIE AUF DEM BILDSCHIRM DER ELEKTRONENSTRAHLROEHRE EINER FERNSEHEINRICHTUNG ODER EINES ELEKTRONISCHEN BILDWANDLERS BESTIMMT WERDEN.

=REFRAKTIONSBESTIMMUNG, GENAUIGKEITSSTEIGERUNG, ELEKTROOPTISCHES MESSVERFAHREN
RUSSISCH A 5.574

53 GEOGRAFIE
53.21 OEKONOMISCHE UND SOZIALE GEOGRAFIE

0014
VERKEHRSGEOGRAPHIE
GOTHA:HERMANN HAACK, GEOGRAPHISCH-KARTOGRAPHISCHE ANSTALT,1985. - 294 S.: 46 ABB.

> L191, 8789.

53.21
GEGENSTAND, AUFGABEN UND METHODEN DER VERKEHRSGEOGRAPHIE. GEOGRAPHIE DER ZWEIGE DES TRANSPORT- UND NACHRICHTENWESENS. REGIONALE VERKEHRSGEOGRAPHIE, VERKEHRSGEOGRAPHIE DER ERDTEILE. WELTTRANSPORTVERGLEICH. ENTWICKLUNGSTENDENZEN DER ARBEITSTEILUNG IM TRANSPORTWESEN.

=GEOGRAFIE, =VERKEHRSWESEN, ENTWICKLUNGSSTAND
DTSCH. A 5.646

0015
DIE TEILDISZIPLINEN DER OEKONOMISCHEN GEOGRAPHIE IN DER DDR : ENTWICKLUNG,STAND, PERSPEKTIVE
GOTHA:HERMANN HAACK, GEOGRAPHISCH-KARTOGRAPHISCHE ANSTALT, 1985. - 106 S.

> L191, 8788.

53.21
ZUM VERHAELTNIS VON KOMPLEXER UND TEILDISZIPLINAERER BETRACHTUNGSWEISE DER OEKONOMISCHEN GEOGRAPHIE. ENTWICKLUNG, GEGENWAERTIGER STAND UND PERSPEKTIVE DER BEVOELKERUNGS-, DER SIEDLUNGS-, DER INDUSTRIE-, AGRAR-, VERKEHRS-, HANDELS- UND REKREATIONSGEOGRAPHIE SOWIE DER HISTORISCHEN OEKONOMISCHEN GEOGRAPHIE.

=DDR, =OEKONOMISCHE GEOGRAFIE, BEVOELKERUNGSGEOGRAFIE, SIEDLUNGSGEOGRAFIE, =ENTWICKLUNGSSTAND
DTSCH. A 5.647

0016
APPLYING THE SYMAP ALGORITHM FOR SURFACE COMPATIBILITY AND COMPARATIVE ANALYSIS OF AREAL DATA / MATSON, I. T.

IN: AMERICAN CARTOGR.
FALLS CHURCH 12(1985)2. - S. 114-122
UEBERS. D. SACHT.: ANWENDUNG DES ALGORITHMUS SYMAP ZUR FLAECHENKOMPATIBILITAET UND VERGLEICHENDEN ANALYSE VON FLAECHENANGABEN

> VUGTK, 40173.

53.21, 63.23
NUTZUNG GEOGRAPHISCHER INFORMATIONSSYSTEME DURCH LOKALE, STAATLICHE UND FOEDERATIVE AEMTER IN DEN VEREINIGTEN STAATEN. MOEGLICHKEITEN DER ANWENDUNG DES ALGORITHMUS SYMAP.

GEOGRAFIE, =INFORMATIONSSYSTEM, DATENBANK, =USA
ENGL. A 5.674

63 KYBERNETIK, RECHENTECHNIK UND AUTOMATISIERUNGSTECHNIK
63.03 ALLGEMEINE FRAGEN UND THEORETISCHE GRUNDLAGEN DER KYBERNETIK, RECHENTECHNIK UND AUTOMATISIERUNGSTECHNIK

0017
WISSENSSPEICHER MIKRORECHNERPROGRAMMIERUNG / CLASSEN, LUDWIG ; OEFLER, ULRICH
BERLIN: VERLAG TECHNIK, 1986. - 200 S.: 33 ABB., 50 TAF.
(TECHNISCHE INFORMATIK ; 00)

> L191, 8797.

63.03, 63.11
NACHSCHLAGEWERK UEBER DIE PROGRAMMIERUNG DER MIKROPROZESSORBAUSTEINE DER DDR-PRODUKTION. SCHWERPUNKTE SIND DIE EINSATZVERSION DES MIKROPROZESSORSYSTEMS U880, DES MIKROPROZESSORSYSTEMS U8000 UND DES EINCHIPMIKRORECHNERS U881/U882-EMR. BESCHREIBUNG DER PROGRAMMIERSPRACHE PLZ/ASM SOWIE VON PROGRAMMIERBEISPIELEN. ERLAEUTERUNG DES PROGRAMMENTWICKLUNGSBETRIEBSSYSTEMS UDOS, DES U880 BASIC-INTERPRETER, DES U883 TINY-MPBASIC UND U880 PASCAL-INTERPRETERS. DIE PROGRAMMIERMOEGLICHKEITEN DER MIKROPROZESSOR- UND PERIPHERIEBAUSTEINE WERDEN DURCH BEFEHLSLISTEN, PROGRAMMIERTABELLEN UND BILDER BESCHRIEBEN.

=MIKRORECHNER, DDR, =PROGRAMMIERUNG, PROGRAMMIERSPRACHE, =SYSTEMUNTERLAGE, PROGRAMM (DAT)
DTSCH. A 5.645

63.11 GERAETETECHNIK FUER DIE AUTOMATISIERUNGS- UND RECHENTECHNIK

SIEHE AUCH: 0017

0018

NEUE ARRAY-PROZESSOREN VON FLOATING POINT SYSTEMS / LAUER, BERND

IN: NACHR. KT.- U. VERMESS.-WESEN, R. 1
FRANKFURT/M., 1985, H. 95. - S. 101-105

> L191, Z127., B103., D57.

63.11
STAENDIG STEIGENDE AUFGABEN IN DER DIGITALEN SIGNAL- UND BILDVERARBEITUNG ERFORDERN HOHE RECHENLEISTUNG ZU GERINGEN KOSTEN. DIE NEUEN ARRAY-PROZESSOREN VON FLOATING POINT SYSTEMS BIETEN DAFUER SPITZENRECHENLEISTUNGEN BIS ZU 62 MILLIONEN GLEITKOMMA-OPERATIONEN PRO SEKUNDE BEI HOHEM PROGRAMMIERKOMFORT DURCH PROGRAMMBIBLIOTHEKEN UND FORTRAN 77 COMPILER.

=MIKROPROZESSOR, DIGITALE BILDVERARBEITUNG
DTSCH. A 5.476

0019

DER PERSONALCOMPUTER ROBOTRON 1715 - EIN RATIONALISIERUNGSMITTEL IN DER VOLKSWIRTSCHAFT /HARDWARE / ZETH, ROLF ; MAEDER, KLAUS

IN: RECHENTECHNIK, DATENVERARB.
BERLIN 23(1986)4. S. 11-14

> L191, Z109.

63.11, 63.23
DEFINITION UND ALLGEMEINE AUSFUEHRUNGEN ZU PERSONALCOMPUTERN. GESAMTKONFIGURATION DES PC 1715 SOWIE DIE PRINZIPDARSTELLUNG DER HARDWARE. AUSFUEHRUNGEN ZU SYSTEMEINHEIT,MONITOR, TASTATUR UND DEN IN FRAGE KOMMENDEN DRUCKERN FUER DEN PC 1715. ES BESTEHT DIE MOEGLICHKEIT DER DATENFERNUEBERTRAGUNG. ANWENDUNGSMOEGLICHKEITEN: WISS.-TECHN.BERECHNUNGEN IN F/E UND TECHNOLOGIE; OEKONOMISCHE BERECHNUNGEN WIE BUCHHALTUNG,LAGERVERWALTUNG, PLANUNG UND STATISTIK; TEXTVERARBEITUNG; ON- UND OFF-LINE DATENERFASSUNG; CAD/CAM-LOESUNGEN.

=MIKRORECHNER, KLEINRECHNER, =EDVA, SPEICHER (DAT), DRUCKER (DAT), OPTISCHE EIN/AUSGABEEINRICHTUNG, DATENFERNUEBERTRAGUNG, BILDSCHIRMGERAET
DTSCH. A 5.550

0020

VIDEOGERAETE UND -VERFAHREN : EINE UEBERSICHT FUER DEN FILMTECHNIKER(3) / ENZ,KURT

IN: BILD U. TON
LEIPZIG 39(1986)4. S. 101 - 107

> L191,Z242.

63.11
DER LETZTE TEIL DER BEITRAGSSERIE.ERLAEUTERUNG VERSCHIEDENER BILDPLATTENSYSTEME (MECHANISCHE, OPTISCHE,KAPAZITIVE UND MAGNETISCHE VERFAHREN) UND DES AUFBAUS DER BILDPLATTENSPIELER.67 LIT.

=INFORMATIONSTRAEGER, INFORMATIONSSPEICHERUNG, ABTASTGERAET, LESEEINRICHTUNG (DAT)
DTSCH. A 5.654

0021

DIGITALISIERARBEITSPLATZ FUER ZEICHNUNGSHERSTELLUNG
IN: BILD U. TON

LEIPZIG 39(1986)5. - S. 132

> L191,Z242.

63.11
DER DIGITALISIERARBEITSPLATZ ROBOTRON A 5510 BASIERT AUF EINEM BUEROCOMPUTER (ROBOTRON A5120/A5130),DEM DIGITALISIERGERAET ROBOTRON K6401 UND DEM NEUEN SERIENDRUCKER ROBOTRON 1157/269. EINE WEITERE AUSBAUSTUFE UMFASST DAS DIGITALISIERGERAET ROBOTRON K6402 MIT DER LAUFWAGENZEICHENMASCHINE UND DEM PLOTTER. DIESER ARBEITSPLATZ WIRD U.A. AUCH FUER DIE KARTOGRAPHIE EMPFOHLEN.

=ZEICHENGERAET, DDR, =AUTOMATISCHER KOORDINATOGRAF, =A/D-WANDLER
DTSCH. A 5.657

0022
IMPLEMENTIERTE ALGORITHMEN AUF DEM DISPLAYPROZESSOR K 2027(1) / SAEDLER,JUERGEN ; WILHELMI,WOLFGANG ; KOVALEWSKI,VLADIMIR

IN: BILD U. TON
LEIPZIG 39(1986)5. - S. 140 - 145

> L191,Z242.

63.11, 63.23
DER K 2027 ERMOEGLICHT EINE PARALLELE BILDVERARBEITUNG IN 3 GLEICHSTRUKTURIERTEN PIPELINES IN VIDEONORM. ES WERDEN DIE FUNKTIONSWEISE DES PROZESSORS UND DIE MOEGLICHKEITEN DER PARALLELISIERUNG SOWIE ENTSPRECHENDE IMPLEMENTIERUNGEN ERLAEUTERT. DIE BEISPIELE UMFASSEN INTERPOLATION,SPEZIELLE LINEAR-UND BINAERFILTER, EXTREMWERTSUCHE,KRUEMMUNGSBERECHNUNG,KORRELATION UND GEOMETRISCHE TRANSFORMATION SOWIE DIE VERDUENNUNG BINAERER OBJEKTE.

=PROZESSRECHNER, =BILDSCHIRMGERAET, =DIGITALE BILDVERARBEITUNG, ALGORITHMUS, FILTERUNG, INTERPOLATION
DTSCH. A 5.658

0023
NEUE MONITORE UND GERAETE DER DIGITALGRAFIK
IN: BILD U. TON
LEIPZIG 39(1986)6. - S. 162

> L191,Z242.

63.11
KURZE MITTEILUNG UEBER DIE IM JAHRE 1986 IM VEB ROBOTRON-ELEKTRONIK UND ZEICHENGERAETE HOYERSWERDA ANGELAUFENE PRODUKTION NEUENTWICKELTER MONITORE UND HOCHAUFLOESENDER DIGITALISIERGERAETE,DIE U.A. AUCH IN DER KARTOGRAPHIE EINSETZBAR SIND.

=BILDSCHIRMGERAET, A/D-WANDLER, DDR
DTSCH. A 5.660

0024
IMPLEMENTIERTE ALGORITHMEN AUF DEM DISPLAYPROZESSOR K 2027(2) / SAEDLER,JUERGEN ; WILHELMI,WOLFGANG ; KOVALEVSKI,VLADIMIR

IN: BILD U. TON
LEIPZIG 39(1986)6. - S. 165 - 173 , 189

> L191,Z242.

63.11, 63.23
IM ZWEITEN UND ABSCHLIESSENDEN TEIL DES BEITRAGS WERDEN DIE ALGORITHMEN ZUR EXTREMWERTSUCHE,ZUR BERECHNUNG DER KONTURKRUEMMUNG,ZUR KORRELATION UND TRANSFORMATION,ZUM VERDUENNEN BINAERER OBJEKTE UND ZUR FILTERUNG BINAERER BILDDATEN VORGESTELLT.8 LIT.

=PROZESSRECHNER, =BILDSCHIRMGERAET, =DIGITALE BILDVERARBEITUNG, ALGORITHMUS, FILTERUNG, KORRELATIONSANALYSE, GEOMETRISCHE TRANSFORMATION
DTSCH. A 5.661

0025
DIE TECHNOLOGIE DER OPTISCHEN PLATTE ZUR ANWENDUNG ALS FESTWERT- UND LOESCHBARER SPEICHER / SADASHIGE,KOICHI ; TAKENAGA,M.

IN: BILD U. TON
LEIPZIG 39(1986)6. - S. 185 - 188

> L191,Z242.

63.11
ALLGEMEINE GRUNDLAGEN DER OPTISCHEN SPEICHERPLATTE. ANGESTREBTE EIGENSCHAFTEN EINES OPTISCHEN SPEICHERS. VERWENDBARE MATERIALIEN. AUFZEICHNEN,LOESCHEN UND WIEDERGABE MIT DER OPTISCHEN SPEICHERPLATTE. STRUKTUR VON PLATTEN UND SYSTEM.(NACHDRUCK AUS DEM "SMPTE JOURNAL" 2/1985).

=SPEICHER (DAT), =INFORMATIONSTRAEGER, =OPTISCHE INFORMATIONSSPEICHERUNG
DTSCH. A 5.664

63.23 ANWENDUNG DER AUTOMATISIERUNGS- UND RECHENTECHNIK

SIEHE AUCH: 0007
0008
0019
0006
0010
0022
0024
0016

0026
DATENVERARBEITUNG : DATENVERARBEITUNGSPROJEKTIERUNG / LEHMANN, HELMUT . - 2., DURCHGES. AUFL.
BERLIN: DIE WIRTSCHAFT, 1985. - 112 S.
(WISSENSSPEICHER ; 00)

> L191, 8743 (2 EX.)

63.23
WISSENSSPEICHER UEBER DATENVERARBEITUNGSPROJEKTIERUNG, DATENORGANISATION UND DATENTRAEGER, DATENBEREITSTELLUNG UND - AUSWERTUNG, PROGRAMMENTWICKLUNG, DOKUMENTATIONEN, SYSTEMUNTERLAGEN.

DATEN, DATENERFASSUNG, DATENVERARBEITUNG, DATENAUSWERTUNG, DATENBANK, DATENSPEICHERUNG, DATENVERARBEITUNGSTECHNIK, SYSTEMUNTERLAGE, PROGRAMM (DAT), PROGRAMMABLAUF, PROGRAMMDOKUMENTATION
DTSCH. A 5.474

0027
ZU INHALT UND BEDEUTUNG VON CAD/CAM / LILIENBLUM, HORST

IN: VERMESSUNGSTECHNIK
BERLIN 34(1986)5. - S. 170-173

> L191, Z46., B103., 88/19.

63.23
ANKNUEPFEND AN MASSNAHMEN ZUR RATIONALISIERUNG GEODAETISCH-KARTOGRAPHISCHER MESS- UND AUSWERTEPROZESSE, WERDEN BEGRIFFSINHALTE VON TERMINI

DER RECHNERGESTUETZTEN ENTWICKLUNG, KONSTRUKTION UND FERTIGUNG AUS ALLGEMEINER SICHT ERLAEUTERT UND DIE BEDEUTUNG AUFGEZEIGT. EINIGE FUER GEODAESIE UND KARTOGRAPHIE SPEZIFISCHE PROBLEME UND EINZELNE SCHLUSSFOLGERUNGEN SIND ERKENNBAR. SCHWERPUNKT IST DIE AUS- UND WEITERBILDUNG IM ZUSAMMENHANG MIT KONKRETEN KDT-AKTIVITAETEN.

=GEODAESIE, KARTOGRAFIE, =EDV-EINSATZ,
=AUTOMATISIERTES SYSTEM, TERMINOLOGIE
CAD/CAM
DTSCH. A 5.538

0028

COMPUTERGRAFIK MIT ALPHANUMERISCHEN BILDSCHIRMARBEITSPLAETZEN / SIEBER, VOLKER

IN: RECHENTECHNIK, DATENVERARB.
BERLIN 23(1986)4. - S. 5-7

> L191, Z109.

63.23
KONZEPTION DES SOFTWAREENTWURFS.BASIC-GKS-INTERFACE. LEISTUNGSFAEHIGKEIT DES GRAFISCHEN KERNS. KOORDINATENSYSTEME UND KLIPPEN. BILDMANIPULATION UND BILDDARSTELLUNG. IMPLEMENTATION UND ANWENDUNG.

=GRAFISCHE DATENVERARBEITUNG, BILDSCHIRMGERAET,
MIKRORECHNER, KLEINRECHNER, =SYSTEMUNTERLAGE
DTSCH. A 5.549

0029

PERSONALCOMPUTER 1715/SOFTWARE / ZETH, ROLF ; MAEDER, KLAUS

IN: RECHENTECHNIK, DATENVERARB.
BERLIN 23(1986)4. - S. 14-17

> L191, Z109.

63.23
PERSONALCOMPUTER SIND FREIPROGRAMMIERBARE GERAETE, DIE DIE EINGELADENE SOFTWARE AUS DEM ARBEITSSPEICHER ABARBEITEN. SIE VERFUEGEN MEIST UEBER EINEN FESTINTEGRIERTEN URLADER - EIN SPEZIELLES MIKROPROGRAMM, WELCHES BEI DER GERAETEEINSCHALTUNG ODER AUF ABFORDERUNG DIE AUSGEWAEHLTE SOFTWARE AUTOMATISCH VON EINEM DATENTRAEGER EINLIEST. UEBERBLICK UEBER DIE KOMPONENTEN DER MASCHINENORIENTIERTEN SOFTWARE FUER DEN PC 1715. ALS

BETRIEBSSYSTEM WIRD SCP VERWENDET. STANDARDSOFTWARE-PAKETE.TEXTVERARBEITUNGSPROGRAMM TP. RELATIONALES DATENBANKSYSTEM REDABAS. NEBEN EINER ASSEMBLERSPRACHE STEHEN ALS PROGRAMMIERSPRACHEN BASIC, PASCAL UND FORTRAN ZUR VERFUEGUNG.

=MIKRORECHNER, KLEINRECHNER, =SYSTEMUNTERLAGE, PROGRAMMIERSPRACHE, PROGRAMM (DAT), BETRIEBSSYSTEM (DAT)
DTSCH. A 5.551

0030
PRAKTIKABLE, VERTEILTE INFORMATIONSVERARBEITUNG MIT DEM PROGRAMMSYSTEM DDS / LOSCHER, BERND ; LAMMERT, WULF

IN: RECHENTECHNIK, DATENVERARB.
BERLIN 23(1986)4. S. 22-23

> L191, Z109.

63.23
DURCH DAS PROGRAMMSYSTEM DDS (DISTRIBUTED DATA SUPPORT) SOLLEN DIE BUEROCOMPUTER DER NUTZERBETRIEBE WIRKUNGSVOLL MIT ESER-STAPELPROJEKTEN VERBUNDEN WERDEN. ES IST MOEGLICH,DATEN FUER EINE ESER-ABARBEITUNG QUALIFIZIERT ZUR VERFUEGUNG ZU STELLEN, ESER-AUSZUGSDATEN VOM BC AUS ANZUFORDERN UND IN DIE JEWEILIGE BUEROCOMPUTERUMGEBUNG,Z. B. REDABAS, ZU INTEGRIEREN. ANWENDUNG DES PROGRAMMSYSTEMS DDS. AUSFUEHRUNGEN ZUM ARBEITSPLATZ BUEROCOMPUTER UND ZUM ARBEITSPLATZ ESER MIT DEN ENTSPRECHENDEN AUFGABEN. ANWENDUNGSBEISPIEL.

=DATENVERARBEITUNG, =PROGRAMM (DAT), =EDVA, MIKRORECHNER, KLEINRECHNER, ESER, EDV-SYSTEM, DATENUEBERTRAGUNG
DTSCH. A 5.552

0031
MENUEGESTEUERTES RELATIONALES DATENBANKSYSTEM RDBM/SCP FUER BUEROCOMPUTER A 5120/A 5130 / HEINRICH, VOLKER

IN: RECHENTECHNIK, DATENVERARB.
BERLIN 23(1986)4. S. 24-25

> L191, Z109.

63.23
DAS RELATIONALE DATENBANKSYSTEM RDBM/SCP IST EIN SYSTEM ZUR SPEICHERUNG,PFLEGE UND AUSWERTUNG TABELLARISCH VORLIEGENDER DATENSTRUKTUREN MIT EINEM

DATENUMFANG VON MAXIMAL 300000 ZEICHEN.
DATENSTRUKTUREN DES RDBM/SCP.
ANWENDUNGSMOEGLICHKEITEN. DEFINITION SOWIE AUFBAU UND PFLEGE VON RDBM/SCP-TABELLEN.AUSWERTUNG DIESER TABELLEN. ARBEITSWEISE DES RDBM/SCP. BEGRENZUNG DES DATENBANKSYSTEMS. DOKUMENTATION.

=DATENBANK, =SYSTEMUNTERLAGE, DATENVERARBEITUNG, EDV-SYSTEM, =MIKRORECHNER, KLEINRECHNER, BILDSCHIRMGERAET, EIN/AUSGABEEINRICHTUNG
DTSCH. A 5.553

0032
TEXTVERARBEITUNG MIT TEXTPROZESSOR UND REDABAS / MEUCHE, HANS-FRIEDRICH ; SCHARF, DIETER ; STAHL, FRANK

IN: RECHENTECHNIK, DATENVERARB.
BERLIN 23(1986)4. - S. 25-27

> L191, Z109.

63.23
MIT DEM BETRIEBSSYSTEM SCP FUER BUEROCOMPUTER UND DEN DAMIT BEREITSTEHENDEN KOMPONENTEN TEXTVERARBEITUNG MIT TEXTPROZESSOR (TP) UND RELATIONALER DATENBANK (REDABAS) VERFUEGT DER ANWENDER UEBER PROGRAMME MIT BEACHTLICHEM LEISTUNGSUMFANG. DIE VOLLE LEISTUNGSFAEHIGKEIT ENTFALTEN BEIDE PROGRAMME DANN, WENN ES GELINGT, DATEN UNTEREINANDER AUSZUTAUSCHEN. FUER DIESES ZUSAMMENWIRKEN SIND IM ARTIKEL BEISPIELE BESCHRIEBEN: SCHREIBEN EINES EINLADUNGSTEXTES,DRUCK VON BRIEFUMSCHLAEGEN, VERAENDERUNG BESTEHENDER TEXTE.

=DATENVERARBEITUNG, SYSTEMUNTERLAGE, BETRIEBSSYSTEM (DAT), =PROGRAMM (DAT), =DATENBANK
TEXTVERARBEITUNG
DTSCH. A 5.554

0033
SCATTERED FILE SYSTEM (SFS) FUER DAS MIKRORECHNERGERAETESYSTEM ROBOTRON K1600 / GRANZIN, W.

IN: N. TECHNIK BUERO
BERLIN 30(1986)3. - S. 90-91

> L191, Z63.

63.23
DAS SCATTERED FILE SYSTEM (GESTREUTES DATEISYSTEM) IST EIN MODULARES PROGRAMMSYSTEM. MIT IHM KOENNEN

AUF DEN MIKRORECHNERN ROBOTRON K1620/K1630 UNTER DEM BETRIEBSSYSTEM MOOS 1600 GESTREUT GESPEICHERTE DATEIEN AUFGEBAUT UND VERWALTET WERDEN. DIE DATEI KANN SICH UEBER MEHRERE DATENTRAEGER ERSTRECKEN UND MAXIMAL ALLE ZUR VERFUEGUNG STEHENDEN DATENTRAEGER BELEGEN. DAMIT KOENNEN AUCH NUTZER OHNE GROSSEN PLATTENSPEICHER IN EINER DATEI GROSSE DATENMENGEN VERWALTEN, OHNE DASS SIE DIE EIGENTLICHE DATEIORGANISATION SELBST UEBERNEHMEN MUESSEN. AUSFUEHRUNGEN ZU AUFBAU, MODULUEBERSICHT,MODULAUFRUF, VORTEILEN, BEZUGSMOEGLICHKEITEN UND ERSTE ERFAHRUNGEN.ANWENDUNGSBEISPIEL.

=DATEN, PROGRAMMDOKUMENTATION, =PROGRAMM (DAT), =MIKRORECHNER
DTSCH. A 5.557

0034
UNISER 1600 - EINE UNIVERSIELLE ANWENDUNGSLOESUNG ZUR ERFASSUNG,KONTROLLE, AUFBEREITUNG UND AUSWERTUNG VON DATEN / BOENISCH, J. ; KNEISSL, A. ; MAI, H.

IN: N. TECHNIK BUERO
BERLIN 30(1986)3. - S. 92-93

> L191, Z63.

63.23
DAS PROGRAMMSYSTEM UNISER 1600 IST FUER ALLE AUFGABENGEBIETE GEEIGNET, BEI DENEN GROSSE DATENMENGEN VON GLEICHARTIGEN BELEGEN ERFASST, KONTROLLIERT,KORRIGIERT, AUSGEWERTET UND IN SPEZIELLEN AUSGABEFORMATEN AUF MASCHINENLESBAREN DATENTRAEGERN ZUR WEITERVERARBEITUNG BEREITGESTELLT WERDEN SOLLEN. SYSTEMBESCHREIBUNG.KOMPLEXE STEUERUNG. KOMPLEXE FORMULARARBEIT. KOMPLEX DATENERFASSUNG, KONTROLLE UND KORREKTUR. HINWEISE ZUM VERTRIEB.

=SYSTEMUNTERLAGE, =PROGRAMM (DAT), DATENERFASSUNG, DATENVERARBEITUNG
DTSCH. A 5.558

0035
SOFTWARE ZUR GRAFIKDRUCKERAUSGABE GDA 1600 / ECKARDT, H. ; KOTZAUER, A.

IN: N. TECHNIK BUERO
BERLIN 30(1986)3. - S. 94-97

> L191, Z63.

63.23
MIT GDA 1600 WIRD IN ERGAENZUNG ZU GKS 1600 AUF DEM ARBEITSPLATZ FUER KONSTRUKTION UND TECHNOLOGIE AKT A6454 EIN GRAFISCHES SOFTWARESYSTEM ZUR VERFUEGUNG GESTELUT, DAS DIE AUSGABE BELIEBIGER GRAFISCHER INFORMATIONEN AUF DEN NADELDRUCKERN ROBOTRON K6313/ K6314 BZW. IHREM VORGAENGERMODELL GESTATTET. GDA 1600 ARBEITET SEPARAT UND UNABHAENGIG VON GKS 1600. GDA 1600 IST DAS ERSTE SOFTWARESYSTEM IN DER DDR, DAS VOLLSTAENDIG DIE FLAECHENFUNKTIONEN DES GKS-STANDARDS REALISIERT. LEISTUNGSUMFANG. STRUKTUR.GKS 1600-FLAECHENFUNKTIONEN. GERAETETECHNIK UND BEDIENUNG. NUTZUNGSMOEGLICHKEITEN.

=SYSTEMUNTERLAGE, =DRUCKER (DAT), =DATENAUSGABE, GRAFISCHE DATENV"RARBEITUNG, FLAECHE (MATH)
DTSCH. A 5.559

0036

EMPFEHLUNGEN ZUR VORDRUCK- UND MASKENGESTALTUNG AN BILDSCHIRMARBEITSPLAETZEN / KRAUSS, ARMIN

IN: RECHENTECHNIK, DATENVERARB.
BERLIN 23(1986)5. S. 24-27

> L191, Z109.

63.23, 20
ZIEL DIESER EMPFEHLUNGEN IST ES, ALLEN PROJEKTANTEN VON ORGANISATIONSABLAEUFEN,DIE DIE DATENERFASSUNG MIT BILDSCHIRMERFASSUNGSGERAETEN GESTALTEN, EINEN ZUSAMMENFASSENDEN UEBERBLICK UEBER DIE DABEI ZU BEACHTENDEN BEDINGUNGEN HINSICHTLICH DER VORDRUCK- UND MASKENGESTALTUNG ZU GEBEN. ES GEHT DARUM,DIE GEFAHREN EINER SCHAEDIGUNG DER GESUNDHEIT AUSZUSCHLIESSEN. KRITERIEN BEI ALLEN NEUENTWICKLUNGEN VON VORDRUCKEN FUER BILDSCHIRMARBEITSPLAETZE.HANDHABBARKEIT UND FORMATE. VORDRUCKGESTALTUNG UND LESBARKEIT. AUSFUELLUNG DER BELEGE. MASKENGESTALTUNG.

=WISSENSCHAFTLICHE ARBEITSORGANISATION, EDV-EINSATZ, =BILDSCHIRMGERAET, =ARBEITSPLATZ, ARBEITSBEDINGUNGEN, ARBEITSSCHUTZ
DTSCH. A 5.562

0037

NEUE FORMEN DER KOMMUNIKATIONSTECHNIK / BERGMANN,HEINZ

IN: BILD U. TON
LEIPZIG 39(1986)6. - S. 180 - 182

> L191,Z242.

63.23, 73.23, 69
ENTWICKLUNG DER KOMMUNIKATION.KOMPONENTEN DER KOMMUNIKATION.MASSEN- UND INDIVIDUALKOMMUNIKATION. GLIEDERUNG DER TELEKOMMUNIKATION UND DER TEXTKOMMUNIKATION.TELEKOMMUNIKATIONSDIENSTE IN BESTEHENDEN NETZEN UND VERGLEICH DIESER DIENSTE. AUSFUEHRUNGEN ZUM FERNSPRECHEN,ZUM FERNKOPIEREN,ZUM FERNSCHREIBEN,ZUM BUEROFERNSCHREIBEN,ZUR DATENKOMMUNIKATION,ZUM HOER - UND FERNSEHRUNDFUNK, ZUM BILDSCHIRM-, VIDEO - UND KABELTEXT, ENTWICKLUNGSTENDENZEN.

=NACHRICHTENTECHNIK, =ORGANISATIONS- UND BUEROTECHNIK, =BILDSCHIRMGERAET, NACHRICHTENTECHNISCHES GERAET, DATENVERARBEITUNG, DATENUEBERTRAGUNG, DATENFERNUEBERTRAGUNG, ENTWICKLUNGSSTAND, ENTWICKLUNGSRICHTUNG TEXTVERARBEITUNG, DATENKOMMUNIKATION
DTSCH. A 5.662

0038
A MICROCOMPUTER-BASED SYSTEM FOR MANAGING LAND INFORMATION / LOVE, W. R.

IN: AUSTRAL. SURVEYOR
SYDNEY 32(1985)7. - S. 523-535
UEBERS. D. SACHT.: EIN MIKRORECHNERGESTUETZTES SYSTEM ZUR VERARBEITUNG VON BODENINFORMATIONEN

> VUGTK, 15936.

63.23
UEBERBLICK UEBER DIE AUFGABEN DES VERMESSUNGSINGENIEURS BEI DER ERFASSUNG, VERARBEITUNG UND NUTZUNG DER BODENINFORMATIONEN. BESCHREIBUNG DES VON DER KOMMISSION FUER KRAFTWERKE DES AUSTRALISCHEN STAATES TASMANIEN ENTWICKELTEN BODENINFORMATIONSSYSTEMS. KONZEPTION DER DATENBASIS, PROGRAMMIERSPRACHE SOWIE ORGANISATORISCHE UND TECHNOLOGISCHE FRAGEN.FUNKTIONSWEISE EINZELNER SYSTEMKOMPONENTEN. UEBERBLICK UEBER DIE HARD- UND SOFTWARE DES SYSTEMS.

AUTOMATISIERTES LIEGENSCHAFTSKATASTER, =MIKRORECHNER, =LANDINFORMATIONSSYSTEM, DATENVERARBEITUNG, AUSTRALIEN

ENGL. A 5.688

0039
CARTOGRAFIA NUMERICA E SISTEMI D'INFORMAZIONE TERRITORIALE / LEUPIN, M.

IN: BOLL. SOC. ITAL. TOPOGR.E FOTOGRMAMM.
PAVIA (1986)1. - S. 137-149
UEBERS. D. SACHT.: NUMERISCHE KARTOGRAPHIE UND TERRITORIALE INFORMATIONSSYSTEME

> VUGTK, 17999.

63.23
BEDEUTUNG AUSGEWAEHLTER INFORMATIONEN DER DIGITALEN KARTE FUER TERRITORIALE INFORMATIONSSYSTEME.METHODEN DER DATENERFASSUNG. VORTEILE EINER KARTOGRAPHISCHEN DATENBANK.

=KARTOGRAFISCHES INFORMATIONSSYSTEM, DATENBANK,
=DIGITALE KARTE, AUTOMATISCHE KARTOGRAFIE
ITAL. A 5.699

0040
WISSENSSPEICHER MIKRORECHNERPROGRAMMIERUNG / CLASSEN, L. ; OEFLER, U.
BERLIN, VERLAG TECHNIK, 1986. - 200 S. : ZAHLR. ABB., ZAHLR. TAB., 51 LIT.
(TECHNISCHE INFORMATIK)

> B103, 06291.

63.23
ES WIRD IN KURZGEFASSTER FORM UMFASSEND UEBER DIE PROGRAMMIERUNG DER MIKROPROZESSORBAUSTEINE DER DDR-PRODUKTION INFORMIERT.SCHWERPUNKT IST DIE DURCH DIE SOFTWARE MOEGLICHE EINSATZVARIATION DER SCHALTKREISE UND DIE NUTZUNG DER VERFUEGBAREN PROGRAMMENTWICKLUNGSWERKZEUGE. DIE PROGRAMMIERMOEGLICHKEITEN DER MIKROPROZESSOR- UND PERIPHERIEBAUSTEINE WERDEN DURCH BEFEHLSLISTEN, PROGRAMMIERTABELLEN UND BILDER BESCHRIEBEN

=MIKRORECHNER, =DATENVERARBEITUNGSTECHNIK,
PROGRAMMIERUNG, PROGRAMMIERSPRACHE,
HALBLEITERBAUELEMENT, SCHALTGLIED
DTSCH. A 5.729

65 POLYGRAFIE, REPROGRAFIE, FOTO- UND KINOTECHNIK
65.29 POLYGRAFIE

0041
DIE ANWENDUNG DER VORBESTIMMTEN FARBDOSIERUNG AN BODEN-OFFSETDRUCKMASCHINEN / PRETZSCH, DIETER ; SCHUETZE, WOLFGANG

IN: PAPIER U. DRUCK
LEIPZIG 34(1985)11. - S. 485-488

> L191, Z137.

65.29
ZUNEHMEND WERDEN WELTWEIT SYSTEME ZUR VORBESTIMMUNG UND VOREINSTELLUNG DER FARBDOSIERUNG IN DEN DRUCKEREIEN EINGESETZT. VERSCHIEDENE TECHNISCHE LOESUNGEN DIENEN ALLE DEM ZIEL, DIE EFFEKTIVITAET DES DRUCKPROZESSES ZU ERHOEHEN UND DIE ERZEUGNISQUALITAET ZU SICHERN. DAS VORLAGENMESSGERAET VMG KANN AUF GRUND SEINER TECHNISCH-TECHNOLOGISCHEN KONZEPTION, DER KOMBINIERTEN AUFLICHT- UND DRUCHLICHTMESSUNG SOWIE SEINER EINFACHEN BEDIENUNG UND HANDHABUNG VARIABEL UND SCHNELL IN DEN BESTEHENDEN TECHNOLOGISCHEN PROZESS EINGEGLIEDERT WERDEN.

OFFSETDRUCK, =FARBDRUCKVERFAHREN, =DRUCKEREIMESS- UND PRUEFGERAET, =EDV-EINSATZ
DTSCH. A 5.493

0042
POLIMA-S - EINE NEUE BESCHNITTMASCHINE / SCHROETER, RUDOLF

IN: VERMESSUNGSTECHNIK
BERLIN 34(1986)5. - S. 161-162

> L191, Z46., B103., 88/19.

65.29
BESCHNITTMASCHINE FUER PAPIER UND FILM IN HELL- UND DUNKELKAMMERVARIANTE FUER DEN EINSATZ IN POLYGRAPHISCHEN EINRICHTUNGEN UND KONSTRUKTIONSBUEROS, ENTWICKELT VOM RATIONALISIERUNGSMITTELBAU DES VEB KOMBINAT GEODAESIE UND KARTOGRAPHIE.

=PAPIERSCHNEIDEMASCHINE
DTSCH. A 5.534

69 GERAETE, MATERIALIEN UND METHODEN DER ELEKTROTECHNIK UND ELEKTRONIK

SIEHE AUCH: 0037

69.45 ELEKTRONISCHE SCHALTUNGEN UND BAUELEMENTE

0043
DIGITALE HALBLEITERSPEICHER / THIELE, G.
BERLIN, MILITAERVERLAG DER DDR, 1986. - 127 S. :
ZAHLR. ABB.,103 LIT.
(ELECTRONICA ; 229)

> B 103, 04603.

69.45
DEFINITION UND GRUNDBEGRIFFE DER HALBLEITERSPEICHER, EINTEILUNG, SPEICHERBAUSTEINE, SPEICHERSYSTEME, ANWENDUNGSBEISPIELE VON HALBLEITERSPEICHERN, PROGRAMMIERUNG UND DATEN VON SPEICHERBAUSTEINEN

HALBLEITERTECHNIK, HALBLEITERBAUELEMENT, PROGRAMMIERUNG, ELEKTRONISCHE MESSTECHNIK
DTSCH. A 5.731

73 KONSTRUKTION, FERTIGUNG UND PRUEFUNG VON GERAETEN
73.07 KONSTRUKTION UND PRUEFUNG GEODAETISCHER GERAETE

0044
ZUM STAND DER ENTWICKLUNG ELEKTRONISCHER TACHYMETER / DEUMLICH, FRITZ

IN: VERMESSUNGSTECHNIK
BERLIN 34(1986)5. - S. 146-150

> L 191, 246., B 103., 88/19.

73.07
UEBERBLICK UEBER DIE SEIT DEM ARTIKEL IN HEFT 6/1982 NEU ERSCHIENENEN ELEKTRONISCHEN TACHYMETER UND DEREN

EIGENSCHAFTEN.

=ELEKTRONISCHES TACHYMETER, =ENTWICKLUNGSSTAND,
=MESSGERAETEDATEN
DTSCH. A 5.529

0045
O TOPOGRAFICHESKOM SVETODAL'NOMERE ST1 / BUKHTUEV, EH. G. ; KRJUKOV, G. S. ; LISIN, Š. V.

IN: GEOD. I KARTOGR.
MOSKVA 62(1986)1. - S. 50 - 54
UEBERS. D. SACHT.: UEBER DEN TOPOGRAPHISCHEN ENTFERNUNGSMESSER ST1

> L191, Z29., B103., 88/19.

73.07
AUSFUEHRLICHE BESCHREIBUNG EINSCHLIESSLICH TECHNISCHER DATEN DES NEUEN SOWJETISCHEN PHASEN-ENTFERNUNGSMESSERS.

=ELEKTROOPTISCHES ENTFERNUNGSMESSGERAET, UDSSR
RUSSISCH A 5.591

0046
MEASUREMENT AND COMPUTATION OF CYCLIC ERRORS OF EDM INSTRUMENTS AT DIFFERENT RANGES / RUEGER, JOHN M.

IN: TECHN PAPERS, ACSM-ASPRS FALL CONVENTION : INDIANAPOLIS, INDIANA, SEPTEMBER 8-14, 1985
FALLS CHURCH, VIRG. 1985. - S. 94 - 108
UEBERS. D. SACHT.: MESSUNG UND BERECHNUNG PERIODISCHER FEHLER VON ELEKTRONISCHEN ENTFERNUNGSMESSGERAETEN BEI UNTERSCHIEDLICHEN ENTFERNUNGEN

> 88/19, Z41A., L191.

73.07
A SIMPLE MEASUREMENT TECHNIQUE BASED ON 30 M STEEL TAPE IS PROPOSED. BY SHIFTING A REFLECTOR ON THE TAPE, EQUALLY SPACED DISTANCE MEASUREMENTS OVER ONE UNIT LENGTH OF TYPICALLY 10 METRES CAN BE OBTAINED. THE COMPUTING TECHNIQUE SOLVES NOT ONLY FOR THE FIRST ORDER CYCLIC ERRORS BUT ALSO FOR HIGHER ORDER CYCLIC ERRORS AND INCLUDES A FULL ERROR ANALYSIS OF ALL DERIVED TERMS.

ELEKTROMAGNETISCHE ENTFERNUNGSMESSUNG,
ELEKTROMAGNETISCHES ENTFERNUNGSMESSGERAET,

PERIODISCHER FEHLER
ENGL. A 5.793

73.11 KONSTRUKTION UND PRUEFUNG FOTOGRAMMETRISCHER GERAETE

0047
METODY POLNOJJ FOTOGRAMMETRICHESKOJJ KALIBROVKI FOTOAPPARATOV DLJA STEREOS''JOMKI BLIZKORASPOLOZHENNYKH OB''EKTOV / MORDASOV, V. I. ; CHERKASOVA, D. N.

IN: GEOD. I KARTOGR.
MOSKVA 62(1986)2. S. 46 - 49
UEBERS. D. SACHT.: METHODEN DER VOLLSTAENDIGEN PHOTOGRAMMETRISCHEN KALIBRIERUNG VON AUFNAHMEKAMMERN FUER DIE STEREOAUFNAHME NAHLIEGENDER OBJEKTE

> L191, Z29., B103., 88/19.

73.11
VORTEILHAFT IST DIE KALIBRIERUNG VON MESS- UND NICHTMESSKAMMERN IN ZWEI ETAPPEN: ERMITTLUNG DER VERZERRUNG UND DER KOORDINATEN DES PROJEKTIONSZENTRUMS IN DER EBENE DES "IDEALBILDES" UND REDUZIERUNG VON BILDPUNKTEN AUF DIESE EBENE. DIE WAHL DES EICHVERFAHRENS IST DURCH DIE ART DER ZU LOESENDEN AUFGABE (IN ERSTER LINIE VON DEN AUFNAHMEBEDINGUNGEN UND DER CHARAKTERISTIK NAHLIEGENDER OBJEKTE) SOWIE DURCH DIE KONSTRUKTION DER AUFNAHMEKAMMER UND DURCH DIE VORHANDENE MESSTECHNIK BEDINGT.

=MESSKAMERA, =NICHTMESSKAMERA, =EICHEN
RUSSISCH A 5.581

73.23 ORGANISATIONS- UND BUEROTECHNIK

SIEHE AUCH: 0037

81 KOMPLEXE ERFORSCHUNG DER ERDE UND DES WELTRAUMES, UMWELTFORSCHUNG UND UMWELTSCHUTZ
81.63 ERFORSCHUNG DER ARKTIS UND ANTARKTIS

0048

FORSCHUNGSOBJEKT ANTARKTIS : VOELKERRECHTLICHE SITUATION UND GENERELLE FORSCHUNGSERGEBNISSE / KAUTZLEBEN, HEINZ ; FREY, REINER

IN: WISS. U. FORTSCHR.
BERLIN 36(1986)3. - S. 72-75

> L191, Z197., B103.

81.63
DER BEITRAG IST DER ERSTE TEIL DER GEKUERZTEN UND UEBERARBEITETEN FASSUNG EINES VORTRAGES, DER VOR DEM PLENUM DER ADW DER DDR AM 19.9.1985 GEHALTEN WURDE. ER BEHANDELT DIE VOELKERRECHTLICHE SITUATION SOWIE GENERELLE FORSCHUNGSERGEBNISSE IN DER ANTARKTIS AUF FOLGENDEN GEBIETEN: GEOGRAPHISCHE AUFNAHME ANTARTIKA, GLAZIOLOGISCHE FORSCHUNGEN, KLIMA,OZEANOLOGISCHE FORSCHUNGEN, BIOLOGISCHE ARBEITEN, GEOLOGISCHE FORSCHUNGEN.

=ANTARKTIS, =FORSCHUNG, GLAZIOLOGIE, KLIMA, BIOLOGIE, HYDROGRAFIE, GEOLOGIE
DTSCH. A 5.560

0049

FORSCHUNGSOBJEKT ANTARKTIS : DDR-WISSENSCHAFTLER AUF DEM 6. KONTINENT / KAUTZLEBEN, HEINZ ; FREY, REINER

IN: WISS. U. FORTSCHR.
BERLIN 36(1986)5. - S. 119-122

> L191, Z197., B103.

81.63
DIESER BEITRAG IST DER ZWEITE TEIL DER GEKUERZTEN UND UEBERARBEITETEN FASSUNG EINES VORTRAGES, DER VOR DEM PLENUM DER ADW DER DDR AM 19.9.1985 GEHALTEN WURDE. ES WERDEN FORSCHUNGSERGEBNISSE DER DDR-WISSENSCHAFTLER IN DER ANTARKTIS AUF FOLGENDEN GEBIETEN DARGESTELLT:POLARE HOCHATMOSPHAERE; METEOROLOGIE; GLAZIOLOGIE, GEODAETISCHE METHODEN; GLAZIOLOGIE, ISOTOPENMETHODEN; HYDROLOGISCHE UNTERSUCHUNGEN; OASE UNTERSEE; KOMPLEX GEOLOGIE, BIOLOGISCHE ARBEITEN. AUSFUEHRUNGEN ZU BETEILIGTEN EINRICHTUNGEN.

=ANTARKTIS, =FORSCHUNG, GLAZIOLOGIE, GEOLOGIE, METEOROLOGIE, HYDROLOGIE
DTSCH. A 5.561

83 BAU- UND VERKEHRSWESEN

SIEHE AUCH: 0001

85 AUFSCHLUSS, ABBAU UND REKULTIVIERUNG VON LAGERSTAETTEN

0050
BERGBAUTECHNIK UND AUFBEREITUNG : RUSSISCH-DEUTSCH / DIETZE, WOLFGANG (HRSG.)
BERLIN: VERLAG TECHNIK, 1985. - 427 S.
(TECHNIK-WOERTERBUCH ; 00)

> L191, 8781.

85

=BERGBAUTECHNIK, BERGBAU
RUSSISCH, DTSCH. A 5.649

INHALTSVERZEICHNIS

I N H A L T S V E R Z E I C H N I S

A U T O R E N R E G I S T E R

D E S K R I P T O R E N R E G I S T E R

D E S K R I P T O R E N R E G I S T E R

D E S K R I P T O R E N R E G I S T E R

bibliographia geodaetica

Special Bibliography

Set G

Geodesy, Geodetic Measuring-Techniques and their Treatment

Part 7 · 1986

Akademie-Verlag Berlin

Volume 24 · 1986 · No. 5
Set G · Part 7

ISSN 0006-1239 bibl. geod., Berlin 24 (1986) 5, Set G, Part 7

12 GEODAESIE, FOTOGRAMMETRIE UND KARTOGRAFIE
12.15 HOEHERE GEODAESIE, GEODAETISCHE MESSVERFAHREN UND IHRE BEARBEITUNG
12.15.05 MATHEMATISCHE GEODAESIE

0001
THE SCALAR BOUNDARY VALUE PROBLEM OF PHYSICAL GEODESY / SACERDOTE, F. ; SANSO, F.

IN: MS. GEOD.
SINDELFINGEN 11(1986)1. - S. 15-28
UEBERS. D. SACHT.: DAS SKALARE RANDWERTPROBLEM DER PHYSIKALISCHEN GEODAESIE

> B103, Q2797., L191.

12.15.05
THE HIERARCHY OF GRAVIMETRIC B.V.PS., FORMULATION OF THE PROBLEM IN SPHERICAL COORDINATES, A USEFUL SYSTEM OF COORDINATES, EXISTENCE AND UNIQUENESS OF PERTUBATIVE SOLUTIONS, APPENDIX 1 LAPLACE EQUATION IN ANGULARPOTENTIAL COORDINATES, APPENDIX 2 CONTINUITY OF G(T) AND G'(T)

=RANDWERTPROBLEM, =PHYSIKALISCHE GEODAESIE, BEZUGSELLIPSOID, KOORDINATENSYSTEM, STOKESSCHE GLEICHUNG, ERDSCHWEREFELD
ENGL. A 5.716

12.15.09 PHYSIKALISCHE GEODAESIE

SIEHE AUCH: 0041
0036

0002
ZWEI INTERNATIONALE TAGUNGEN UEBER ERDROTATION UND EIN TERRESTRISCHES REFERENZSYSTEM / MONTAG, HORST

IN: VERMESSUNGSTECHNIK
BERLIN 34(1986)1. S. 26-27

> L191, Z46., B103., 88/19.

12.15.09

=BREITENBESTIMMUNG, =ERDELASTIZITAET, ASTROLAB, CHANDLERSCHE PERIODE, EULERSCHE PERIODE, LOVESCHE ZAHLEN, ERDMANTEL, POTSDAM
ENGL. A 5.430

0003
A NEW APPROACH TO ITERATIONS IN SOLVING GEODETIC BOUNDARY VALUE PROBLEMS FOR REAL TOPOGRAPHY / HOLOTA, P.

IN: VEROEFF. ZENTRALINST. PHYSIK ERDE
POTSDAM (1985) 81. T.2. - S. 4-15
UEBERS. D. SACHT.: EINE NEUE ABSCHAETZUNG FUER ITERATIONEN BEI DER LOESUNG GEODAETISCHER RANDWERTPROBLEME FUER TOPOGRAPHISCHE UNTERSUCHUNGEN

> B103, Q2548.

12.15.05
GENERALREMARKS ABOUT THE SOLUTION OF THE SIMPLE MOLODENSKY PROBLEM, LAPLACIAN, BOUNDARY CONDITION, GREENS STOKES FUNKTION, CALDERON ZYGMUND INEQUALITY, SOBOLEV NORM ESTIMATE, ITERATIVE PROCESS

=RANDWERTPROBLEM, ITERATIONSRECHNUNG, GEOMORFOLOGIE, TELLUROID
ENGL. A 5.431

0004
TREATMENT OF THE GEODETIC BOUNDARY VALUE PROBLEM BY CONTACTTRANSFORMATION / KELLER, W.

IN: VEROEFF. ZENTRALINST. PHYSIK ERDE
POTSDAM (1985) 81. T.2. - S. 32-35
UEBERS. D. SACHT.: BEHANDLUNG DES GEODAETISCHEN RANDWERTPROBLEMS DURCH BERUEHRUNGSTRANSFORMATION

> B103, Q2548.

12.15.05
IT IS ASPIRED TO FIND A NEW CONTACTTRANSFORMATION, WHICH ALSO TRANSFORMS THE FREE BOUNDARY VALUE PROBLEM INTO A NEW ONE WITH A FIXED BOUNDARY, BUT WITH THE POINT AT INFINITY AS A FIXED POINT. IN THIS WAY THE MENTIONED SINGULARITY IS AVOIDED

=RANDWERTPROBLEM, DIFFERENTIALGLEICHUNG, TRANSFORMATION (MATH), LINEARISIERUNG, TELLUROID
ENGL. A 5.435

0005
THE POTENTIALOGRAPHICAL PROBLEM AND THE CONCEPTION OF THE GRAVITATING DISKS / MESHCHERYAKOV, G. A.

IN: VEROEFF. ZENTRALINST. PHYSIK ERDE
POTSDAM (1985) 81. T.2. - S. 78-87
UEBERS. D. SACHT.: DAS POTENTIALOGRAPHISCHE PROBLEM UND VORSTELLUNGEN ZUR FRAGE GRAVITIERENDER SCHEIBEN

> B103, Q2548.

12.15.05
ES WIRD DAS BEKANNTE POTENTIAL EINES PLANETEN, DAS SICH ALS SUMME VON POTENTIALEN EINFACHER UND DOPPELTER BELEGUNGEN AUF VORGEGEBENEN FLAECHEN IM INNEREN DES PLANETEN DARSTELLEN LAESST, ALS INVERSES PROBLEM DISKUTIERT

=POTENTIALFUNKTION, =GRAVITATIONSFELD, =POTENTIALTHEORIE, MODELLIERUNG (MATH), PLANET, INVERSION (MATH), APPROXIMATION
RUSSISCH, ENGL. A 5.441

0006
ON THE CONVERGENCE PROBLEM OF THE SATELLITE DERIVED SPHERICAL HARMONIC EXPANSION OF THE GEOPOTENTIAL AT THE EARTHS SURFACE / SJOEBERG, LARS E.

IN: VEROEFF. ZENTRALINST. PHYSIK ERDE
POTSDAM (1985) 81. T.2. - S. 108-114
UEBERS. D. SACHT.: UEBER DAS KONVERGENZPROBLEM DER AUS SATELLITENBAHNEN ABGELEITETEN KUGELFUNKTIONSENTWICKLUNG DES SCHWEREFOTENTIALS AN DER ERDOBERFLAECHE

> B103, Q2548.

12.15.05
THE PROBLEM OF DOWNWARD CONTINUING A SATELLITE DERIVED SERIES OF SPHERICAL HARMONICS OF THE EARTHS GRAVITY FIELD TO THE SURFACE IS CONSIDERED. AN ERROR FORMULA IS DERIVED, WHICH AGREES WITH THAT GIVEN BY M. S. PETROVSKAYA AND N. I. LOBKOVA. DESPITE OF CH. JEKELIS EXTENSIVE NUMERICAL STUDY IT IS CONCLUDED THAT THE ERROR OF A HIGH DEGREE HARMONIC EXPANSION (N >= 300) IS NOT YET SATISFACTORILY KNOWN

=ERDSCHWEREFELD, =KUGELFUNKTION, SCHWEREPOTENTIAL, FEHLERBETRACHTUNG, STOKESSCHE GLEICHUNG, ABLEITUNG DES SCHWEREFELDES AUS SATELLITENDATEN
ENGL. A 5.444

0007

GAUSSIAN AND MEAN CURVATURES OF POSTGLACIAL LAND UPLIFT AS EXPANDED IN SURFACE SPHERICAL HARMONICS,AND THE ORIGIN OF EARTHQUAKES IN FENNOSKANDIA / EKMAN, M.

IN: VEROEFF. ZENTRALINST. PHYSIK ERDE
POTSDAM (1985) 81. T.3. - S. 55-70
UEBERS. D. SACHT.: GAUSSSCHE KRUEMMUNG UND FLAECHENKRUEMMUNG DER POSTGLAZIALEN LANDHEBUNG NACH KUGELFUNKTIONEN ENTWICKELT UND DER URSPRUNG VON ERDBEBEN IN FENNOSKANDIEN

> B103, Q2548.

12.15.05, 12.15.09
FORMULAE ARE DER FT AS EXPANDED IN A SERIES OF SURFACE SPHERICAL HARMONICS. THESE FORMULAE ARE APPLICATED FOR INVESTIGATION OF POSSIBLE RELATIONS BETWEEN LAND UPLIFT AND EARTHQUAKES IN FENNOSCANDIA

=ERDKRUSTENBEWEGUNG, =FINNLAND, =SKANDINAVIEN, VERTIKALKOMPONENTE, KUGELFUNKTION, ERDBEBEN
ENGL. A 5.460

12.15.09 PHYSIKALISCHE GEODAESIE

SIEHE AUCH: 0069
0002
0007

0008

O RAZLOZHENII KOVARIACIONNOJJ FUNKCII ANOMAL'NOGO POLJA V RJAD FUNDAMENTAL'NYKH RESHENIJJ URAVNENIJA LAPLASA / MARCHENKO, A. N.

IN: IZVEST. VYSSH. UCHEBN. ZAVEDENIJJ, GEOD. I AEHROFOTOS''JOMKA
MOSKVA 29(1985)4. - S. 20-27
UEBERS. D. SACHT.: ZUR ENTWICKLUNG DER KOVARIANZFUNKTION EINES ANOMALIEFELDES IN EINE REIHE VON FUNDAMENTALLOESUNGEN DER LAPLACE-GLEICHUNG

> L191, Z27., B103., 88/19.

12.15.09, 12.15.37
UNTERSUCHUNG DER AUFGABE DER ENDLICHDIMENSIONALEN APPROXIMATION DES REPRODUZIERENDEN KERNS EINES ANGENOMMENEN HILBERTRAUMES MIT HILFE VON FUNDAMENTALLOESUNGEN DER LAPLACE-GLEICHUNG (POTENTIALE DER EINHEITSPUNKTMASSEN). DIE GEWONNENEN

ERGEBNISSE WERDEN ZUM AUFBAU EINES ALLGEMEINEN ALGORITHMUS DER STABILEN APPROXIMATION DES GEOPOTENTIALS DURCH DAS POTENTIALSYSTEM DER PUNKTMASSEN NACH DEN ANGABEN INHOMOGENER BEOBACHTUNGSINFORMATIONEN UEBER DIE TRANSFORMIERTEN DES ANOMALIEFELDES GENUTZT.

=KOVARIANZANALYSE, =PHYSIKALISCHE GEODAESIE, =POTENTIALTHEORIE, ANOMALIE (GEOW), APPROXIMATION
RUSSISCH A 5.061

0009
O PRILIVNYKH POPRAVKAKH V GEODEZII. OPREDELENIE STOKSOVYKH POSTOJANNYKH PRI UCHJOTE VLIJANIJA LUNY I SOLNCA / JURKINA, M.I.

IN: GEOD. I KARTOGR.
MOSKVA 61(1985)11. - S.
UEBERS. D. SACHT.: ZU GEZEITENVERBESSERUNGEN IN DER GEODAESIE. DIE BESTIMMUNG DER STCKESSCHEN KONSTANTEN BEI DER ERFASSUNG DES EINFLUSSES VON MOND UND SONNE

> L191,Z29., B103., 88/19.

12.15.09
DER ZEITLICH KONSTANTE TEIL DER GEZEITENWIRKUNG VON MOND UND SONNE BRAUCHT AUS SCHWEREMESSUNGEN UND AUS DEN ERGEBNISSEN DES GEOMETRISCHEN NIVELLEMENTS NICHT VOELLIG ELIMINIERT ZU WERDEN. NACH DEM MAN DAS ENTSPRECHENDE GLIED IN DER BESTIMMUNG DES STOERPOTENTIALS T HERAUSGEFILTERT HAT, KANN MANN ES IN DER VERBINDUNG VON STOERPOTENTIAL MIT DER QUASIGEOIDHOEHE, DER RANDWERTBEDINGUNG FUER DIE SCHWEREANOMALIE UND DER INTEGRALGLEICHUNG MOLODENSKIJS FUER DIE DICHTE DER EINFACHEN SCHICHT ERHALTEN. BEI EINEM SOLCHEN HERANGEHEN KANN MAN OHNE GENAUIGKEITSVERLUST NICHT NUR DAS ERDSCHWEREFELD BESTIMMEN, SONDERN AUCH DAS GEOMETRISCHE NIVELLEMENT ZUR VERBINDUNG VON MEERESNIVEAUS VERWENDEN.10 LIT.

ERDGEZEITEN, =STOKESSCHE KONSTANTE DER ERDE, =GEZEITENWIRKUNG, GEOMETRISCHE HOEHENMESSUNG, SCHWEREBESTIMMUNG, MESSWERTKORREKTION
RUSSISCH A 5.122

0010
O VLIJANII IZMENENIJJ UROVNEJJ GRUNTOVYKH VOD NA VREMENNYE VARIACII SILY TJAZHESTI / DVULIT, P.D. ; GUDZ, I.N. ; PAVLIV, P.V.

IN: GEOD., KARTOGR. I AEHROFOTOS''JOMKA
L'VOV,1986, VYP.43. - S. 18 - 21
UEBERS. D. SACHT.: ZUM EINFLUSS DER VERAENDERUNGEN DES GRUNDWASSERSPIEGELS AUF DIE ZEITWEILIGEN SCHWEREVARIATIONEN

> L191, Z117., B103.

12.15.09
DER MOEGLICHE EINFLUSS VON SCHWANKUNGEN DES GRUNDWASSERSPIEGELS AUF DIE ERGEBNISSE VON GRAVIMETRISCHEN WIEDERHOLUNGSARBEITEN IM GEBIET EINES SCHWEFELVORKOMMENS WIRD BETRACHTET. QUANTITATIVE CHARAKTERISTIKA DIESER EINFLUESSE, DIE BEI DEN ZEITWEILIGEN SCHWEREAENDERUNGEN BERUECKSICHTIGT WERDEN MUESSEN. 7 LIT.

UNTERIRDISCHES GEWAESSER, =SCHWEREANOMALIE, GRAVIMETRIE
RUSSISCH A 5.229

0011
SOVREMENNYE VERTIKAL'NYE DVIZHENIJA ZEMNOJJ POVERKHNOSTI VOSTOCHNOJJ EVROPY I AKTIVNYE GLUBINNYE STRUKTURY / EVSEEVA, EH.M. ; GRAFOV,E.B.

IN: GEOD., KARTOGR. I AEHROFOTOS''JOMKA
L'VOV, 1986, VYP.43. - S. 25 - 31
UEBERS. D. SACHT.: REZENTE VERTIKALE ERDKRUSTENBEWEGUNGEN OSTEUROPAS UND AKTIVE TIEFENSTRUKTUREN

> L191, Z117., B103.

12.15.09, 49.31
ES WIRD GEZEIGT,DASS DIE VERAENDERUNG DER STATISTISCHEN STRUKTUR DES FELDES DER REZENTEN VERTIKALEN ERDKRUSTENBEWEGUNGEN IN ABHAENGIGKEIT VOM GRAD DER GLAETTUNG DER AUSGANGSINFORMATION EIN ANZEICHEN FUER MASSSTAB UND TIEFE DER GEOMORPHOSTRUKTUREN IST, DIE FUER DIE REZENTEN ERDKRUSTENBEWEGUNGEN VERANTWORTLICH SIND.

=ERDKRUSTENBEWEGUNG, GEOMORFOLOGIE, =GEOTEKTONISCHE STRUKTUR, VERTIKALKOMPONENTE, KARTE DER ERDKRUSTENBEWEGUNG, EUROPA
RUSSISCH A 5.231

0012
OB ODNOJJ METODIKE OPREDELENIJA KHARAKTERISTIK DEFORMACII ZEMNOJJ KOPY PO GEODEZICHESKIM DANNYM /

KIRICHUK, V.V. ; TADEEV, A.A.

IN: GEOD., KARTOGR. I AEHROFOTOS''JOMKA
L'VOV, 1986, VYP.43. - S. 31 - 38
UEBERS. D. SACHT.: ZU EINER METHODIK DER BESTIMMUNG DER CHARAKTERISTIKA DER DEFORMATION DER ERDKRUSTE ANHAND GEODAETISCHER DATEN

> L191, Z117., B103.

12.15.09
MOEGLICHKEITEN DER ANWENDUNG VON WAHRSCHEINLICHKEITSSTATISTISCHEN METHODEN, DIE AUF DER DARSTELLUNG DES FELDES DER HORIZONTALVERSCHIEBUNGEN VON PUNKTEN DER ERDKRUSTE ALS REALISIERUNG EINES GEWISSEN ZUFAELLIGEN PROZESSES BERUHEN, ZUM HERAUSTRENNEN VON REGIONEN MIT HOMOGENEM CHARAKTER DER DEFORMATIONEN INNERHALB EINES BETRACHTETEN GEBIETES.EINE METHODIK ZUM HERAUSTRENNEN VON NACH DER STREUUNG STATIONAEREN REGIONEN UND ZUR NACHFOLGENDEN BERECHNUNG DER INVARIANTEN CHARAKTERISTIKA DER DEFORMATIONEN DER ERDKRUSTE INNERHALB JEDER HERAUSGETRENNTEN REGION WURDE ENTWICKELT.ERPROBUNG AN MATERIAL VON WIEDERHOLUNGSMESSUNGEN IM TRIANGULATIONSNETZ 1. UND 2. ORDNUNG AUF DEM TERRITORIUM DES ERDBEBENS VON 1923 IM BEZIRK KANTO (JAPAN).

=ERDKRUSTENBEWEGUNG, MATHEMATISCHE STATISTIK, BESTIMMUNG VON ERDKRUSTENBEWEGUNGEN
RUSSISCH A 5.232

0013
O NORMAL'NOJJ ZEMLE / MESHHERJAKOV, G.A.

IN: GEOD., KARTOGR. I AEHROFOTOS''JOMKA
L'VOV, 1986, VYP.43. - S. 64 - 71
UEBERS. D. SACHT.: ZUR NORMALERDE

> L191, Z117., B103.

12.15.09
UNTER BERUECKSICHTIGUNG DER MODERNEN ANFORDERUNGEN DER PHYSISCHEN GEODAESIE UND GEOPHYSIK WURDEN DIE BEDINGUNGEN ANALYSIERT, DIE AN DIE NORMALERDE GESTELLT WERDEN. ES WIRD DISKUTIERT, OB ES ZWECKMAESSIG IST, DER NORMALERDE DIE FORM EINES SPHAEROIDS ODER EINES ROTATIONSELLIPSOIDS, DAS SICH DEM SPHAEROID NAEHERT, ZU GEBEN.BEIDE NORMALERDEN HAENGEN MITEINANDER ZUSAMMEN: SIE ENTWICKELN IM AUSSENRAUM DAS GLEICHE NORMALFELD, DAS MIT DEM SCHWEREFELD DES HYDROSTATISCH GLEICHGEWICHTIGEN

PLANETEN IDENTISCH IST. DIE METHODIK DER KONSTRUKTION DER BEIDEN NORMALERDEN WIRD ANGEGEBEN. 23 LIT.

=PHYSIKALISCHE GEODAESIE, ERDFIGUR, =ERDMODELL, NIVEAUFLAECHE, ROTATIONSKOERPER
RUSSISCH A 5.236

0014
EXPANSIONS OF THE DOUBLE PRODUCT OF THE GLOBAL GRAVITY FIELD / PECZ, K. ; MARTINEC, Z.

IN: STUDIA GEOPH. ET GEOD.
PRAHA 29(1985)3. - S. 211-219
UEBERS. D. SACHT.: REIHENENTWICKLUNGEN DES DOPPELPRODUKTS DES GLOBALEN ERDSCHWEREFELDES

> VUGTK, 17252., B103., D57., L191,Z10.

12.15.09
ABLEITUNG VON VIER GRUNDFORMEN DER GLOBALEN GEWICHTSFUNKTION FUER DAS ERDSCHWEREFELD. DIE ERSTE GRUNDFORM DEFINIERT DIE GEWICHTSFUNKTION ALS DOPPELPRODUKT DER REIHENENTWICKLUNG DER SCHWEREANOMALIE, DIE ANDEREN DREI FORMEN ENTSTEHEN DURCH ANWENDUNG VON OPERATOREN DER KUGELFUNKTIONSTHEORIE AUF DIE ERSTE GRUNDFORM.

=ERDSCHWEREFELD, GEWICHT (MATH), =KUGELFUNKTION, REIHE (MATH), TRANSFORMATION (MATH), TENSORRECHNUNG
ENGL. A 5.252

0015
OBSERVATIONS OF CRUSTAL TILT AND STRAIN INDUCED BY THE LOAD OF THE 1983 NIHONKAI-CHUBU EARTHQUAKE TSUNAMI / YANAGISAWA, M. ; WAKASUGI, T.

IN: J. GEOD. SOC. JAP.
KITASATO 30(1984)3. - S. 204-212
UEBERS. D. SACHT.: BEOBACHTUNGEN VON KRUSTENNEIGUNG UND STRAIN, VERURSACHT DURCH DIE BELASTUNG DER INFOLGE DES NIHONKAI-CHUBU-ERDBEBENS HERVORGERUFENEN TSUNAMIS

> VUGTK, 23949., B103.

12.15.09
DAS AM 26. MAI 1983 IN NIHONKAI-CHUBU AUSGEBROCHENE ERDBEBEN HAT AUF DEM GANZEN GEBIET DES JAPANISCHEN MEERES EINEN TSUNAMI HERVORGERUFEN. DIE KRUSTENNEIGUNG UND DER STRAIN, DIE INFOLGE DER

BELASTUNG MIT TSUNAMI-WASSERMASSEN ENTSTANDEN, WURDEN AUF DER KRUSTENBEWEGUNGSSTATION YAHIKO MIT ZWEI WASSERROHR-NEIGUNGSMESSERN UND DREI STRAINMETERN ERFOLGREICH BEOBACHTET. ANALYSE DER BEOACHTUNGSERGEBNISSE.MIT HILFE DER FOURIER-ANALYSE DER BEOBACHTUNGSERGEBNISSE WERDEN DIE PERIODEN DER FREISCHWINGUNGEN DER MEERESOBERFLAECHE VON 45 UND 18 MIN. ABGELEITET.

=ERDBEBEN, =ERDKRUSTENBEWEGUNG, =JAPAN, STRAIN, STRAINMETER, NEIGUNGSMESSGERAET, FEHLERBETRACHTUNG
JAPAN. A 5.275

0016

CRUSTAL MOVEMENT OF EASTERN TAIWAN AND ITS TECTONIC SIGNIFICANCES / SHEU, H. CH. ; SATO, H.

IN: J. GEOD. SOC. JAP.
KITASATO 30(1984)3. - S. 213-227
UEBERS. D. SACHT.: KRUSTENBEWEGUNGEN OST-TAIWANS UND IHRE TEKTONISCHE BEDEUTUNG

> VUGTK, 23949., B103.

12.15.09, 51.17
AUFGRUND DER ERGEBNISSE DER WIEDERHOLTEN TRIANGULATION IM OST-TAIWAN WERDEN DIE KOMPONENTEN DES SAEKULAREN HORIZONTALSTRAINS ABGELEITET.DIESE KOMPONENTEN WERDEN ZUR ERKLAERUNG DER TEKTONISCHEN STRUKTUR DES UNTERSUCHTEN GEBIETES GENUTZT. SCHLUSSFOLGERUNGEN HINSICHTLICH DER RICHTUNG DER SEITENBEWEGUNG DER LITOSPHAERISCHEN PLATTEN.

=STRAIN, =GEOTEKTONIK, TRIANGULATION, SUEDOSTASIEN, ERDKRUSTENBEWEGUNG
ENGL. A 5.276

0017

ON THE DECADE FLUCTUATION OF THE ACCELERATION OF THE EARTH'S ROTATION / SEKIGUCHI, N.

IN: J. GEOD. SOC. JAP.
KITASATO 30(1984)4. - S.249-253
UEBERS. D. SACHT.: ZUR DEKADISCHEN FLUKTUATION DER ERDROTATIONSBESCHLEUNIGUNG

> VUGTK, 23949., B103.

12.15.09
UNTER DEKADISCHEN FLUKTUATIONEN FASST MAN PERIODEN VON 5 JAHREN BIS ZU EINIGEN HUNDERT JAHRE ZUSAMMEN.

DIE PERIODE DER FLUKTUATION DER ERDROTATIONSBESCHLEUNIGUNG BETRAEGT RUND 25 JAHRE, DIE SEMI-AMPLITUDE 0.1SJ'-2'. ERGEBNISSE DER SPEKTRALANALYSE DIESER VARIATIONEN. GEOPHYSIKALISCHE INTERPRETATION ANHAND EINES GEEIGNETEN PHYSIKALISCHEN MODELLS

=ERDROTATION, ROTATIONSSCHWANKUNG, =BESCHLEUNIGUNG, ANGEWANDTE GEOPHYSIK, GEOPHYSIKALISCHES INTERPRETATIONSVERFAHREN, =SPEKTRALANALYSE
ENGL. A 5.281

0018
CRUSTAL STRAIN MEASUREMENTS USING RESISTIVE STRAIN GAUGES-LABORATORY AND FIELD EXPERIMENTS / YANAGISAWA, M.

IN: J. GEOD. SOC. JAP.
KITASATO 30(1984)4. - S.274-286
UEBERS. D. SACHT.: KRUSTENSTRAINBEOBACHTUNGEN MIT HILFE EINER STAENDIGEN STRAINMESSEINRICHTUNG - LABOR- UND FELDEXPERIMENTE

> VUGTK, 23949., B103.

12.15.09
ANFORDERUNGEN BEZUEGLICH DER VORBEREITUNG UND EINSTELLUNG VON STRAINMESSEINRICHTUNGEN, UM DIE RELATIVE MESSGENAUIGKEIT DER STRAINMESSUNG VON 10'-9' ZU ERREICHEN. ZUSAMMENFASSUNG UND ANALYSE DER ERFAHRUNGEN AUS LABORVERSUCHEN SOWIE AUS DEN IM TUNNEL DER KRUSTENBEWEGUNGSSTATICN IN NOKOGIRIYAMA DURCHGEFUEHRTEN FELDMESSUNGEN. TECHNOLOGISCHER VORGANG ZUR BEFESTIGUNG VON STRAINMESSEINRICHTUNGEN AN TUNNELWAENDEN UND ZUR EINSCHALTUNG IN DIE ENTSPRECHENDEN ELEKTRONISCHEN SCHALTKREISE. VERGLEICH DER MIT EINEM STRAIN- BZW. EXTENSOMETER GEWONNENEN MESSERGEBNISSE

=STRAINMETER, =ERDKRUSTENBEWEGUNG, =JAPAN, VERGLEICHENDE UNTERSUCHUNG
JAPAN. A 5.284

0019
A METHOD OF PHOTOGRAPHIC SURVEY OF THE VERTICAL CRUSTAL DEFORMATION - APPLICATION TO KYUROKU-SHIMA ISLAND / YAMASHINA, K. ; FUKUDOME, T.

IN: J. GEOD. SOC. JAP.
KITASATO 30(1984)4. - S.287-296

UEBERS. D. SACHT.: EIN VERFAHREN ZUR PHOTOGRAPHISCHEN BEOBACHTUNG VERTIKALER KRUSTENDEFORMATION - ANWENDUNG AUF DIE INSEL KYUROKU-SHIMA

> VUGTK, 23949., B103.

12.15.09
VERFAHREN ZUR BEOBACHTUNG VERTIKALER KRUSTENDEFORMATIONEN BESONDERS GUT ANWENDBAR FUER KUESTENREGIONEN. FUER DERZEITIGE ZWECKE SIND BEI DER MESSUNG FOLGENDE BEDINGUNGEN EINZUHALTEN:1. DER HORIZONT SCHNEIDET DAS OBJEKTBILD, 2. DIE OPTISCHE ACHSE DER MESSKAMMER IST HORIZONTAL, 3. EINE LAENGENMASSSTABSSKALE MUSS IM BILD DARGESTELLT WERDEN, 4. DIE ZIELMARKE DARF NICHT ZU HOCH SEIN, 5. MEHRERE BILDER MUESSEN IN DERSELBEN ZEITSPANNE IN BESTIMMTER REIHENFOLGE AUFGENOMMEN WERDEN,6. DIE ENTFERNUNG ZWISCHEN DER MESSKAMMER UND DER ZIELMARKE MUSS MEHR ALS 10 M BETRAGEN

=ERDKRUSTENBEWEGUNG, MESSKAMERA, =FOTOGRAFISCHE AUFZEICHNUNG, VERTIKALE BEWEGUNG (PHYS)
JAPAN. A 5.285

0020
ZKUSHENOSTI Z APLIKACF KOLOKACZNI METODY NA INTERPOLACI TIZHNICOVYCH ODCHYLEK VE VYSOKYCH TATRACH
RADOUCH, VLADIMIR

IN: GEOD. A KARTOGR. OBZOR
PRAHA 32(1986)3. - S. 56-62
UEBERS. D. SACHT.: ERFAHRUNGEN BEI DER ANWENDUNG DER KOLLOKATIONSMETHODE AUF DIE INTERPOLATION DER LOTABWEICHUNGEN IN DER HOHEN TATRA

> VUGK,12., L191,Z15., 88/19.

12.15.09
ANWENDUNG DER KOLLOKATIONSMETHODE AUF DAS PROBLEM DER INTERPOLATION VON LOTABWEICHUNGEN IM GEBIET DER HOHEN TATRA. AUSFUEHRLICHE BESCHREIBUNG ZUR LOESUNG DER AUFGABE, ERGEBNISSE DER DURCHGEFUEHRTEN ANALYSEN. SCHLUSSFOLGERUNGEN FUER GEODAETISCHE ANWENDUNGEN DER KOLLOKATIONSMETHODE.

=SCHWEREPRAEDIKTION, =KOLLOKATION, INTERPOLATION, LOTABWEICHUNG
TSCHECH. A 5.340

0021
EINE LOESUNG DER GRUNDGLEICHUNG DER PHYSIKALISCHEN GEODAESIE FUER BELIEBIGE RAENDER UND NORMALSCHWEREFELDER DURCH KUGELFUNKTIONSENTWICKLUNGEN / KNICKMEYER, E.H.

IN: Z. VERMESS.-WESEN
STUTTGART 111(1986)2. - S. 70 - 84
UEBERS. D. SACHT.: A SOLUTION OF THE FUNDAMENTAL EQUATION OF PHYSICAL GEODESY FOR ANY GIVEN BOUNDARY AND NORMAL GRAVITY FIELDS BY EXPANSIONS INTO HARMINIC FUNCTIONS

> 88/19, Z 17., L191., B103.

12.15.09
IN ORDER TO COMPUTE THE UNKNOWN DISTURBING POTENTIAL A METHOD OF SOLUTION IS GIVEN,BY MEANS OF WHICH ANY GIVEN BOUNDARY AND NORMAL GRAVITY FIELD CAN BE TAKEN INTO ACCOUNT. IT IS BASED ON SERIES EXFANSIONS INTO SPHERICAL HARMONICS. WITH THE HELP OF THE ORTHOGONALITY RELATION BY COMPARISON OF COEFFICIENTS A SYSTEM OF LINEAR EQUATIONS IS DEDUCED FROM THE FUNDAMENTAL EQUATION.

PHYSIKALISCHE GEODAESIE, ERDFIGLR, =RANDWERTPROBLEM, KUGELFUNKTION
DTSCH. A 5.373

0022
WPLYW PROCESOW GEOFIZYCZNYCH NA RUCH OBROTOWY ZIEMI / NASTULA, JOLANTA

IN: POSTEPY ASTRON.
WARSZAWA 33(1985)1/2.- S. 3 - 27
UEBERS. D. SACHT.: DER EINFLUSS GEOPHYSIKALISCHER PROZESSE AUF DIE ERDROTATION

> 88/19.

12.15.09, 47.15
THE PROBLEM OF THE INFLUENCE OF GEOPHYSICAL PROCESSES ON THE EARTH'S ROTATION IS PRESENTED. THE ROLE OF THESE PROCESSES IN THE VARIATIONS OF THE LENGTH OF DAY IS DESCRIBED IN THIS PART.

=ERDROTATION, GEOPHYSIKALISCHER EINFLUSS, TAG
POLN. A 5.392

0023

RESULTS OF KAPG CO-OPERATION IN EARTH TIDE RESEARCH /
SIMON, Z.

IN: VEROEFF. ZENTRALINST. PHYSIK ERDE
POTSDAM (1985) 81. T.1. - S. 24-30
UEBERS. D. SACHT.: ERGEBNISSE IM RAHMEN DER KAPG
KOOPERATION IN DER ERDGEZEITENFORSCHUNG

> B103, Q2548.

12.15.09
SPACE DISTRIBUTION OF THE GRAVIMETRIC EARTH TIDE
PARAMETERS, TIDAL AND FURTHER GEODYNAMICAL PROCESSES
FROM TILT MEASUREMENTS, TIME CHANGES OF GRAVIMETRIC
PARAMETERS, MEASURING TECHNIQUES, TIDAL AND
GEODYNAMICAL PROCESSES FROM STRAIN MEASUREMENTS,
OCEANIC AND ATMOSPHERIC EFFECTS, EARTHTIDES,
EARTHQUAKES, TECTONIC, MATHEMATICAL EVALUATIONS

=ERDGEZEITEN, =VERTIKALKOMPONENTE,
=HORIZONTALKOMPONENTE, STRAIN, MESSTECHNIK,
GRAVIMETER, GEODYNAMIK, ATMOSPHAERISCHE STOERUNG,
MEERESGEZEITEN, MATHEMATISCHES PROBLEM
ENGL. A 5.415

0024
HIGH FREQUENCIES IN TIDAL TILT RECORDS / BARTHA, G.

IN: VEROEFF. ZENTRALINST. PHYSIK ERDE
POTSDAM (1985) 81. T.1. - S. 51-59
UEBERS. D. SACHT.: HOHE FREQUENZEN IN
GEZEITENNEIGUNGSMESSUNGEN

> B103, Q2548.

12.15.09
ON BASE OF CLASSICAL HORIZONTALPENDELUM-CONSTRUCTION
AN ELEKTRONIC DEVELOPMENT HAS BEEN CARRIED OUT,
WHERE UPON THE MOTION OF THE BEAM IS DETECTED BY A
CAPACITIVE SENSOR.A POSSIBILITY OF DENSE SAMPLING IS
PROVIDED BY THIS TECHNIQUE. THE PERIODS OF THE
EARTHS NORMAL MODES EXCITED BY BIG EARTHQUAKES CAN
BE FOUND IN A RANGE BETWEEN SOME MINUTES AND ONE HOUR

=ERDGEZEITEN, =HORIZONTALKOMPONENTE,
HORIZONTALPENDEL, ELEKTRONISCHE MESSTECHNIK,
EIGENSCHWINGUNG DER ERDE
ENGL. A 5.418

0025

GEOPHYSICAL INTERPRETATION OF GLOBAL GEOID UNDULATIONS AND MEAN GRAVITY ANOMALIES / DREWES, HERMANN

IN: VEROEFF. ZENTRALINST. PHYSIK ERDE
POTSDAM (1985) 81. T.1. - S. 95-104
UEBERS. D. SACHT.: GEOPHYSIKALISCHE INTERPRETATION GLOBALER GEOIDUNDULATIONEN UND MITTLERER SCHWEREANOMALIEN

> B103, Q2548.

12.15.09
DIE PHYSIKALISCHE BEDEUTUNG DES GEOIDS UND DER SCHWEREANOMALIEN, EINE ABSCHAETZUNG DER SCHWEREWIRKUNG EINIGER BEKANNTER DICHTEDISKONTINUITAETSFLAECHEN,DIE INVERSION VON SCHWEREFELDPARAMETERN IN MASSENINHOMOGENITAETEN

=GEOIDUNDULATION, =SCHWEREANOMALIE, GEOPHYSIKALISCHES VERFAHREN, ERDMANTEL, ERDKRUSTE, AUSGLEICHUNGSRECHNUNG, POTENTIALFUNKTION, ERDMODELL
ENGL. A 5.422

0026

PRECISE GEOID COMPUTATIONS AT MOUNTAINEOUS COASTLINES IN VIEW OF VERTICAL DATUM DETERMINATIONS / EULER, H. J. ; GROTEN, E. ; HAUSCH, W.

IN: VEROEFF. ZENTRALINST. PHYSIK ERDE
POTSDAM (1985) 81. T.1. - S. 109-139
UEBERS. D. SACHT.: GENAUE GEOIDBERECHNUNGEN AUF GEBIRGIGEN KUESTENLINIEN IM ZUSAMMENHANG MIT LOTDATENBESTIMMUNGEN

> B103, Q2548.

12.15.09, 12.15.37
THE PAPER IS THE FIRST PART OF A SERIES OF INVESTIGATIONS ON THE PROBLEM OF PRECISE GEOID COMPUTATIONS AT MOUNTAINEOUS REGIONS. CONCEPTUAL DIFFICULTIES ARE CONSIDERED WITH DATA FROM TEST AREAS,NAMELY ITALY. FURTHER MORE THE GEOPHYSICAL PROPERTIES IN THIS REGION ARE ANALYSED

=GEOID, =GEOIDUNDULATION, LOTABWEICHUNG, ERDMODELL, KUGELFUNKTION, ATMOSPHAERISCHE STOERUNG, MESSWERTKORREKTION
ENGL. A 5.424

0027

MODIFICATION OF A HUGHES TILTMETER TO A BOREHOLE TILTMETER / GERSTENECKER, C.

IN: VEROEFF. ZENTRALINST. PHYSIK ERDE
POTSDAM (1985) 81. T.1. - S. 142-149
UEBERS. D. SACHT.: ENTWICKLUNG EINES BOHRLOCHNEIGUNGSMESSERS AUS EINEM HUGHESTILTMETER

> B103, Q2548.

12.15.09, 73.19
ES WERDEN ENTWICKLUNGSARBEITEN UND ERPROBUNG EINES NEIGUNGSMESSERS BESCHRIEBEN. DER ENTWICKLUNG LIEGT EIN HUGHESTILTMETER ZU GRUNDE, DAS ZWECKS REDUZIERUNG SEKUNDAERER AEUSSERER EINFLUESSE FUER MESSUNGEN IN BOHRLOECHERN UMKONSTRUIERT WURDE

=NEIGUNGSMESSGERAET (GRAVIMETRIE),
=BOHRLOCHMESSUNG (GEOW), MESSTECHNIK, ERDGEZEITEN,
AEUSSERER EINFLUSS, ERPROBUNG
ENGL. A 5.426

0028
ON THE DISTRIBUTION OF THE RESIDUAL VECTORS OF EARTHS TIDE GRAVITY OBSERVATIONS IN CENTRAL EUROPE / GERSTENECKER, C. ; VARGA, P.

IN: VEROEFF. ZENTRALINST. PHYSIK ERDE
POTSDAM (1985) 81. T.1. - S. 150-165
UEBERS. D. SACHT.: UEBER DIE VERTEILUNG DER RESIDUALVEKTOREN DER ERDGEZEITENSCHWEREBEOBACHTUNGEN IN ZENTRALEUROPA

> B103, Q2548.

12.15.09
AN HAND VON GEZEITENMESSUNGEN MIT GRAVIMETERN UNTERSCHIEDLICHEN TYPS AN 13 EUROPAEISCHEN STATIONEN WERDEN DIE RESIDUEN, DIE NACH REDUKTION ALLER BEKANNTEN FEHLER VERBLEIBEN, UNTERSUCHT. HAUPTSAECHLICH IN DEN PHASENVERSCHIEBUNGEN ZEIGT SICH EIN VORHERRSCHENDER EINFLUSS DER MEERESGEZEITEN

=ERDGEZEITENMESSUNG, =AEUSSERER EINFLUSS,
VERTIKALKOMPONENTE, MITTELEUROPA, GEZEITENGLIEDER,
ERDKRUSTE, FEHLERMODELL, VERGLEICHENDE UNTERSUCHUNG
ENGL. A 5.427

0029
ON THE LUNAR TIDAL EFFECT IN THE LATITUDE OBSERVATIONS AT TIANJIN / HAN, TIANQI ; QIAN, YIMING ; LI, SHIQUANG

IN: VEROEFF. ZENTRALINST. PHYSIK ERDE
POTSDAM (1985) 81. T.1. - S. 166-168
UEBERS. D. SACHT.: UEBER DEN LUNAREN GEZEITENEFFEKT
IN DEN BREITENBEOBACHTUNGEN IN TIANJIN

> B103, Q2548.

12.15.09, 12.15.13
ES WERDEN MEHRJAEHRIGE MESSREIHEN MIT EINEM PZT
EINER ANALYSE AUF MONDGEZEITENEINFLUESSE UNTERZOGEN
UND DIESE AUF MEERESGEZEITENSTOERUNGEN HIN
KORRIGIERT. HIERAUS WIRD DER GEZEITENFAKTOR DER
BREITENSCHWANKUNG BESTIMMT

=GEZEITENWIRKUNG, =BREITENBESTIMMUNG, MOND,
MESSWERTVERARBEITUNG, SHIDASCHE ZAHL, LOVESCHE ZAHLEN
ENGL. A 5.428

0030
SOME SHORT PERIODIC TERMS DUE TO NUTATION AND TIDES
FROM LATITUDE AND TIME DETERMINATIONS AT CZECHOSLOVAK
OBSERVATORIES / HEFTY, JAN

IN: VEROEFF. ZENTRALINST. PHYSIK ERDE
POTSDAM (1985) 81. T.1. - S. 169-172
UEBERS. D. SACHT.: UEBER EINIGE KURZPERIODISCHE
NUTATIONS- UND GEZEITENBEDINGTE GLIEDER IN BREITEN
UND ZEITBESTIMMUNGEN AN OBSERVATORIEN IN DER CSSR

> B103, Q2548.

12.15.09, 12.15.13
MIT HILFE ZWEIER VONEINANDER UNABHAENGIGER
GEODAETISCH ASTRONOMISCHER VERFAHREN WERDEN DIE
GEZEITENFAKTOREN LAMBDA UND GAMMA AUS
BREITENBEOBACHTUNGEN UND AUS DER NUTATIONSPERIODE
BESTIMMT UND MIT THEORETISCHEN ERDMODELLEN VERGLICHEN

=GEZEITEN, =NUTATION, BREITENBESTIMMUNG,
ZEITMESSUNG, DURCHGANGSMETHODE, FOTOGRAFISCHES
ZENITTELESKOP
ENGL. A 5.429

0031
OCEAN TIDAL LOADING ALONG THE BLUE ROAD GEOTRAVERSE IN
FENNOSCANDIA / JENTZSCH, GERHARD

IN: VEROEFF. ZENTRALINST. PHYSIK ERDE
POTSDAM (1985) 81. T.2. - S. 18-28

UEBERS. D. SACHT.: MEERESGEZEITENBELASTUNGSEFFEKTE LAENGS DER GEOTRAVERSE BLAUE STRASSE IN FENNOSKANDIEN

> B103, Q2548.

12.15.09
ES WERDEN ERGEBNISSE GRAVIMETRISCHER GEZEITENMESSUNGEN ENTLANG DER GECTRAVERSE BLAUE STRASSE IN FENNOSKANDIEN VORGELEGT UND DIE RESIDUALVEKTOREN FUER DIE PARTIALTIDEN O1 UND M2 MIT EINEM MODIFIZIERTEN AUFLASTMODELL NACH SCHWIDERSKI VERGLICHEN. DABEI ZEIGT SICH, DASS EINE VERBESSERUNG DES MEERESGEZEITENMODELLS FUER DEN NORWEGISCHEN KUESTENBEREICH NOETIG IST

=PRAEZISIONSGRAVIMETRIE, =MEERESGEZEITEN, =ERDGEZEITENMESSUNG, FINNLAND, SKANDINAVIEN, VERTIKALKOMPONENTE, MESSWERTKORREKTION, GEZEITENGLIEDER
ENGL. A 5.433

0032
INTERACTIONS BETWEEN OCEANIC AND GRAVITY TIDES, AS ANALYSED FROM WORLD-WIDE EARTH TIDE OBSERVATIONS AND OCEAN MODELS / MELCHIOR, P. ; DUCARME, B. ; RUYMBEKE, M. VAN

IN: VEROEFF. ZENTRALINST. PHYSIK ERDE POTSDAM (1985) 81. T.2. - S. 55-62
UEBERS. D. SACHT.: BEZIEHUNGEN ZWISCHEN MEERES- UND SCHWEREGEZEITEN AUS WELTWEITEN ERDGEZEITENBEOBACHTUNGEN UND MEERESMODELLEN

> B103, Q2548.

12.15.09
FUER DIE 8 HAUPTGEZEITENWELLEN WURDEN DIE KORRELATIONEN ZWISCHEN DEN BEOBACHTETEN SCHWEREAENDERUNGEN UND DEN AUS MEERESGEZEITENKARTEN NACH SCHWIDERSKI BESTIMMTEN ERRECHNET.DIE KORRELATIONEN ERWIESEN SICH ALS SIGNIFIKANT

=ERDGEZEITEN, =WELTNETZ, =MEERESGEZEITEN, VERTIKALKOMPONENTE, MESSWERTKORREKTION, AEUSSERER EINFLUSS, SCHWEREPOTENTIAL
ENGL. A 5.438

0033
CAPACITIVE PENDULUM WITH INTELLIGENT DATA COLLECTION / MENTES, G.

IN: VEROEFF. ZENTRALINST. PHYSIK ERDE
POTSDAM (1985) 81. T.2. - S. 63-69
UEBERS. D. SACHT.: EIN KAPAZITIVES PENDEL MIT
INTELLIGENTER DATENSAMMLUNG

> B103, Q2548.

12.15.09, 73.07
AUSGEHEND VON EINEM MECHANISCHEN ZOELLNERPENDEL IST
EIN KAPAZITIVES HORIZONTALPENDEL MIT ELEKTRISCHEM
AUSGANG UND INTELLIGENTEM DIGITALEM
DATENREGISTRIERSYSTEM KONSTRUIERT WORDEN

=HORIZONTALPENDEL, =ERDGEZEITENMESSUNG,
ELEKTRONISCHE MESSTECHNIK, GEODYNAMIK,
ERDKRUSTENBEWEGUNG, MESSWERTVERARBEITUNG
ENGL. A 5.439

0034
RESEARCH ON THE COMPUTATIONAL METHODS OF GRAVITY
TOPOGRAPHIC EFFECT / JIACHUN, MENG

IN: VEROEFF. ZENTRALINST. PHYSIK ERDE
POTSDAM (1985) 81. T.2. - S. 70-77
UEBERS. D. SACHT.: UNTERSUCHUNG UEBER
BERECHNUNGSMETHODEN VON TOPOGRAPHISCHEN
SCHWEREEFFEKTEN

> B103, Q2548.

12.15.09
ES WERDEN DIE UEBLICHEN METHODEN DER BERECHNUNG
TOPOGRAPHISCHER SCHWEREEFFEKTE (MOLODENSKY, PELLINEN,
BJERHAMMAR) DISKUTIERT

=SCHWEREKORREKTION, =TOPOGRAFIE, GRAVITATIONSFELD,
RECHNUNGSVERFAHREN (MATH), MESSWERTKORREKTION
ENGL. A 5.440

0035
ON THE COMPARISON OF THE RESULTS OF TWO DIFFERENT
E-W-STRAINMETERS OPERATING AT TIEFENORT IN THE PERIOD
1978 - 1984 / SIMON, D. ; KARMALEEVA, R. ; LATYNINA,
L. A.

IN: VEROEFF. ZENTRALINST. PHYSIK ERDE
POTSDAM (1985) 81. T.2. - S. 115-125
UEBERS. D. SACHT.: UEBER DEN VERGLEICH DER
ERGEBNISSE VON 2 VERSCHIEDENEN E-W-STRAINMETERN IN
TIEFENORT VON 1978 - 1984

> B103, Q2548.

12.15.09, 12.15.33

=STRAINMETER, =VERGLEICHENDE UNTERSUCHUNG, STRAINBEOBACHTUNG, GEZEITENWIRKUNG, ERDKRUSTENBEWEGUNG, AEUSSERER EINFLUSS
ENGL. A 5.445

0036
GEODYNAMIC EFFECTS DUE TO EARTHS DEFORMATION / TRESL, JIRI

IN: VEROEFF. ZENTRALINST. PHYSIK ERDE
POTSDAM (1985) 81. T.2. - S. 128-133
UEBERS. D. SACHT.: GEODYNAMISCHE EFFEKTE INFOLGE VON ERDDEFORMATIONEN

> B103, Q2548.

12.15.09
ES WERDEN MATHEMATISCHE BEZIEHUNGEN ABGELEITET FUER DIE LOTABWEICHUNG, FUER DIE VERSCHIEBUNG DER HAUPTTRAEGHEITSACHSEN, FUER AENDERUNGEN DER ERDROTATION UND DER SCHWEREVERTEILUNG ALS FUNKTION DER DICHTE

=GEODYNAMIK, NIVEAUFLAECHE, KUGELFUNKTION, LOTABWEICHUNG, ERDROTATION, ERDDICHTE, ERDSCHWEREFELD
ENGL. A 5.447

0037
ON THE LONG-WAWELENGTH CORRELATION BETWEEN GRAVITY AND TOPOGRAPHY / TSCHERNING, C. C.

IN: VEROEFF. ZENTRALINST. PHYSIK ERDE
POTSDAM (1985) 81. T.2. - S. 134-143
UEBERS. D. SACHT.: UEBER LANGWELLIGE KORRELATIONEN ZWISCHEN SCHWERE UND TOPOGRAFIE

> B103, Q2548.

12.15.09
CORRELATION ANALYSIS BETWEEN SETS OF POTENTIAL COEFFICIENTS OR EXPANSIONS OF THE POTENTIAL OF THE TOPOGRAPHY SHOWS UNEXPECTED LOW VALUES AND ALSO LARGE VARIATIONS IN THE VALUES AS A FUNCTION OF THE DEGREE. THE VARIATION OF THE SMOOTHNESS COEFFICIENTS AS A FUNCTION OF ADOPTED DEPTH OF COMPENSATION SHOWS THAT IT MAY BE USEFUL TO USE VARYING DEPTHS OF

COMPENSATION FOR VARYING DEGREE

=KORRELATIONSANALYSE, =ERDSCHWEREFELD, =TOPOGRAFIE, POTENTIALFUNKTION, KUGELFUNKTION, ISOSTASIE
ENGL. A 5.448

0038
ON THE COMPARISON AND CHOICE BETWEEN THE FORMULAS OF THE EARTH TIDAL CORRECTION IN ASTRONOMICAL TIME AND LATITUDE OBSERVATION / XIA, JIANGYU

IN: VEROEFF. ZENTRALINST. PHYSIK ERDE POTSDAM (1985) 81. T.2. - S. 144-149
UEBERS. D. SACHT.: EIN VERGLEICH VON KORREKTURFORMELN UEBER ERDGEZEITENEINFLUESSE IN ASTRONOMISCHEN ZEIT- UND BREITENBEOBACHTUNGEN

> B103, Q2548.

12.15.09, 12.15.13
FUER 11 KURZ- UND LANGPERIODISCHE GEZEITENGLIEDER WIRD UNTER VERWENDUNG VON MODELLVORSTELLUNGEN DER EINFLUSS AUF DIE ASTRONOMISCHE LAENGE UND BREITE BESTIMMT

=ERDGEZEITEN, MESSWERTKORREKTION, BREITENBESTIMMUNG, LAENGENBESTIMMUNG, MODELLIERUNG (MATH)
ENGL. A 5.450

0039
ON REDUCING THE EFFECT OF HORIZONTAL DISPLACEMENTS OF THE LITHOSPHERIC PLATES FROM THE OBSERVATIONS CARRIED OUT BY GLOBAL GEODYNAMIC NETWORK(ON EXAMPLE THE GEOSS-REA NETWORK) / JACKIV, JA., S. ; MIRONOV, N. T.

IN: VEROEFF. ZENTRALINST. PHYSIK ERDE POTSDAM (1985) 81. T.2. - S. 150-155
UEBERS. D. SACHT.: UEBER DIE REDUZIERUNG HORIZONTALER PLATTENVERSCHIEBUNGEN IN DER LITHOSPHAERE AN HAND VON MESSUNGEN IN GLOBALEN GEODYNAMISCHEN NETZEN

> B103, Q2548.

12.15.09
AUF DER GRUNDLAGE DES PLATTENTEKTONISCHEN MODELLS RM2 VON MINSTER UND JORDAN WIRD DIE VERSCHIEBUNG LITHOPHAERISCHER PLATTEN MIT BEZUG AUF DIE EUROPLATTE MIT HILFE SATELLITENGEODAETISCHER VERFAHREN ABGESCHAETZT

=PLATTENTEKTONIK, GEODYNAMIK, LITHOSPHAERE, HORIZONTALKOMPONENTE, ERDKRUSTENBEWEGUNG, SATELLITENGEODAETISCHES VERFAHREN
RUSSISCH, ENGL. A 5.451

0040
O PRILIONYKH POPRAVKAKH B GEODEZII / JURKINA, M. I.

IN: VEROEFF. ZENTRALINST. PHYSIK ERDE
POTSDAM (1985) 81. T.2. - S. 156-159
UEBERS. D. SACHT.: UEBER GEZEITENVERBESSERUNGEN IN DER GEODAESIE

> B103, Q2548.

12.15.09
ES WIRD EINE VERBESSERTE MODELLIERUNG DES GEZEITENEFFEKTS AUF DER ERDOBERFLAECHE DISKUTIERT

=ERDFIGUR, GEOID, =ERDGEZEITEN, NIVEAUFLAECHE, ERDSCHWEREFELD, SCHWEREPOTENTIAL
RUSSISCH A 5.452

0041
ANELASTICITY IN THE EARTHS MANTLE IMPLICATIONS FOR THE FREQUENCY DEPENDENCE OF LOVE NUMBERS / ZSCHAU, J.

IN: VEROEFF. ZENTRALINST. PHYSIK ERDE
POTSDAM (1985) 81. T.2. - S. 160
UEBERS. D. SACHT.: UEBER NICHTELASTISCHES VERHALTEN DES ERDMANTELS FOLGERUNGEN FUER DIE FREQUENZABHAENGIGKEIT DER LOVEZAHLEN

> B103, Q2548.

12.15.09, 49.31
ES WERDEN ANALYTISCHE BEZIEHUNGEN FUER DAS NICHTELASTISCHE UND VISKOSE VERHALTEN FESTER KOERPER ENTWICKELT. DIE FORMELN WERDEN AUF DEN ERDMANTEL ANGEWANDT, UM DEN POSTGLAZIALEN AUSGLEICH UND VERSCHIEDENE PERIODIZITAETEN IM VERHALTEN DER ERDE ZU ERKLAEREN

=ERDMANTEL, =ERDMODELL, ERDELASTIZITAET, LOVESCHE ZAHLEN, CHANDLERSCHE PERIODE, ERDGEZEITEN
ENGL. A 5.453

0042

UEBER DIE AUFGABEN UND ERGEBNISSE DER UNTERSUCHUNG DER REZENTEN VERTIKALEN BEWEGUNGEN IN DER KARPATHEN-BALKAN REGION / JOO, I.

IN: VEROEFF. ZENTRALINST. PHYSIK ERDE POTSDAM (1985) 81. T.3. - S. 7-15

> B103, Q2548.

12.15.09
ES WIRD UEBER RESULTATE VON 1980 BEGONNENEN UNTERSUCHUNGEN IN DER KARPATHEN-BALKAN-REGION BERICHTET. DAS MESSMATERIAL AUS GEODAETISCHEN UND OZEANOGRAPHISCHEN UNTERSUCHUNGEN WIRD IN TABELLEN VORGESTELLT. GEGENWAERTIG WIRD AN EINER KARTOGRAPHISCHEN DARSTELLUNG DER BEWEGUNGSVORGAENGE GEARBEITET

=ERDKRUSTENBEWEGUNG, =VERTIKALKOMPONENTE, =MEERESNIVEAUAENDERUNG, MESSWERTVERARBEITUNG, KARPATEN, BALKAN, NIVELLEMENTSNETZ, WIEDERHOLUNGSMESSUNG.
DTSCH. A 5.454

0043
NORTH SEA COAST LEVELLING NET: A MODEL CASE FOR THE DETERMINATION OF VERTICAL MOVEMENTS IN WESTERN EUROPE / AUGATH, W. ; PELZER, H.

IN: VEROEFF. ZENTRALINST. PHYSIK ERDE POTSDAM (1985) 81. T.3. - S. 16-25
UEBERS. D. SACHT.: DAS NORDSEE-KUESTENNIVELLEMENTSNETZ: EIN MODELLFALL FUER DIE BESTIMMUNG VERTIKALER KRUSTENBEWEGUNGEN IN WESTEUROPA

> B103, Q2548.

12.15.09
ES WIRD UEBER ENTWICKLUNG UND GEGENWAERTIGEN STAND DER NIVELLEMENTSMESSUNGEN IM NORDEN DER BRD UND IM NORDSEEKUESTENBEREICH BERICHTET. ES LIEGEN TEILE DES DEUTSCHEN HAUPTHOEHENNETZES SEIT 1912 DER UNTERSUCHUNG ZUGRUNDE

=NORDSEE, NIVELLEMENTSNETZ, =KUESTENVERMESSUNG, =ERDKRUSTENBEWEGUNG, ENTWICKLUNGSGESCHICHTE, WESTEUROPA, VERGLEICHENDE UNTERSUCHUNG, WIEDERHOLUNGSMESSUNG, VERTIKALKOMPONENTE
ENGL. A 5.455

0044
SPACE-TIME VARIATING GEOLOGICAL MASSES BY SPACE-TIME VARIATING GEODETIC MEASUREMENTS / ARNOLD, K.

IN: VEROEFF. ZENTRALINST. PHYSIK ERDE
POTSDAM (1985) 81. T.3. - S. 26-32
UEBERS. D. SACHT.: DIE BESTIMMUNG RAUMZEITLICHER GEOLOGISCHER MASSENVERAENDERUNGEN MIT HILFE ENTSPRECHENDER GEODAETISCHER MESSUNGEN

> B103, Q2548.

12.15.09
UNTER ZUGRUNDELEGUNG DYNAMISCHER MODELLVORSTELLUNGEN EINER WELLENFOERMIGEN KRUSTENDEFORMATION MIT WELLENLAENGEN KLEINER ALS 1000 KM WIRD GEZEIGT, WIE REGIONALE GEOLOGISCHE MASSENVERSCHIEBUNGEN AUS GEODAETISCHEN MESSUNGEN BESTIMMT WERDEN KOENNEN

=ERDKRUSTENBEWEGUNG, MODELLIERUNG (MATH), NIVELLEMENTSNETZ, SCHWEREBESTIMMUNG, WIEDERHOLUNGSMESSUNG
ENGL. A 5.456

0045
GEOKINEMATIC MODELS FOR THE GRAVIMETRIC W - E PROFILE OF THE GDR / CONRAD, W. ; ELSTNER, C. ; SCHWAHN, W.

IN: VEROEFF. ZENTRALINST. PHYSIK ERDE
POTSDAM (1985) 81. T.3. - S. 32-43
UEBERS. D. SACHT.: GEOKINEMATISCHE MODELLE FUER DAS GRAVIMETRISCHE W - E - PROFIL DER DDR

> B103, Q2548.

12.15.09
AUSGEHEND VON DER GEOLOGISCH-GEOPHYSIKALISCHEN SITUATION LAENGS DER GRAVIMETRISCHEN WEST-OST-LINIE DER DDR WERDEN KINEMATISCHE MODELLE ZUR INTERPRETATION MOEGLICHER ZEITLICHER SCHWEREAENDERUNGEN DISKUTIERT

=PRAEZISIONSGRAVIMETRIE, =SAEKULARE SCHWEREAENDERUNG, PROFIL, GEOTEKTONISCHE STRUKTUR, GEOMORFOLOGIE, DDR
ENGL. A 5.457

0046
MATHEMATICAL TREATMENT OF VERTICAL MOVEMENTS / CZOMPO, I.

IN: VEROEFF. ZENTRALINST. PHYSIK ERDE
POTSDAM (1985) 81. T.3. - S. 44-50
UEBERS. D. SACHT.: MATHEMATISCHE BEHANDLUNG VON VERTIKALBEWEGUNGEN DER ERDKRUSTE

> B103, Q2548.

12.15.09, 12.15.37
ES WIRD EIN ANALYTISCHES VERFAHREN ZUR BESCHREIBUNG VERTIKALER KRUSTENBEWEGUNGEN ABGEHANDELT. DIE ERDOBERFLAECHE WIRD MIT HILFE VON KUGELFUNKTIONEN NACH RAUM UND ZEIT DARGESTELLT. AM BEISPIEL DER DEFORMATIONEN IM BEREICH EINES KOHLENBERGWERKS WIRD DAS VERFAHREN DEMONSTRIERT

=ERDKRUSTENBEWEGUNG, VERTIKALKOMPONENTE, KUGELFUNKTION, MODELL (MATH), ERDOBERFLAECHE, BERGSCHADENKUNDE
ENGL. A 5.458

0047
GEODIMETER-NETZ ZUR UNTERSUCHUNG HORIZONTALER KRUSTENDEFORMATIONEN / DOST, MARION ; LORENZ, GUENTER

IN: VEROEFF. ZENTRALINST. PHYSIK ERDE
POTSDAM (1985) 81. T.3. - S. 51-54

> B103, Q2548.

12.15.09
FUER DETAILLIERTERE INFORMATIONEN UEBER DYNAMISCHE KRUSTENVORGAENGE WURDE ERSTMALS EIN SPEZIALNETZ ERKUNDET, DAS DIE WICHTIGSTEN GEOLOGISCHEN STOERUNGEN DES TESTGEBIETS ELBTALZONE UEBERDECKT. HIERFUER WIRD EIN GEODIMETER 600 EINGESETZT, MIT DEM HOEHERE GENAUIGKEITEN ERREICHBAR SIND

=ERDKRUSTENBEWEGUNG, =HORIZONTALKOMPONENTE, ELEKTROOPTISCHE ENTFERNUNGSMESSUNG, GEOTEKTONISCHE STRUKTUR, FEHLERBETRACHTUNG, BEZIRK DRESDEN
DTSCH. A 5.459

0048
NEAR-SURFACE DEFORMATIONS AND STRESSES IN THE AREA OF THE TOLBACHIK GREAT FISSURE ERUPTION OF 1975 - 1976 (KAMCHATKA) FROM GEODETIC DATA / ENMAN, S. V.

IN: VEROEFF. ZENTRALINST. PHYSIK ERDE
POTSDAM (1985) 81. T.3. - S. 71-75

UEBERS. D. SACHT.: OBERFLAECHENNAHE DEFORMATIONEN UND STRESSERSCHEINUNGEN IM GEBIET DER GROSSEN KLUFTERUPTION BEI TOLBASCHIK (KAMTSCHATKA) VON 1975 - 1976 AN HAND GEODAETISCHER DATEN

> B103, Q2548.

12.15.09
ANALYSIS OF DISPLACEMENTS OF POINTS OF TRIANGULATION NETWORKS COVERING AN AREA OF 40 X 60 KM AROUND THE REGION OF ERUPTION WERE DISCUSSED. ANGLE AND LINEAR MEASUREMENTS WERE CARRIED OUT IN 1971 (BEFORE ERUPTION)IN 1976 AND 1977 (DURING AND AFTER ERUPTION RESPECTIVELY)

=GEODYNAMIK, =ERDOBERFLAECHE, =VULKANISMUS, ERDKRUSTENBEWEGUNG, TRIANGULATIONSNETZ, WIEDERHOLUNGSMESSUNG, HORIZONTALKOMPONENTE
ENGL. A 5.461

0049
METHOD OF JOINT ADJUSTMENT OF HEIGHT DIFFERENCES AND VELOCITIES OF VERTICAL MOVEMENTS / FUERY, M. ; GERGELY, J. ; NEMETH, ZS.

IN: VEROEFF. ZENTRALINST. PHYSIK ERDE
POTSDAM (1985) 81. T.3. - S. 76-78
UEBERS. D. SACHT.: METHODEN GEMEINSAMER AUSGLEICHUNG VON HOEHENDIFFERENZEN UND VERTIKALEN BEWEGUNGSGESCHWINDIGKEITEN DER ERDKRUSTE

> B103, Q2548.

12.15.09
ES WIRD EINE METHODE DER AUSGLEICHUNG VON WIEDERHOLUNGSNIVELLEMENTS AN HAND VON MESSUNGEN IN DER KARPATEN-BALKAN REGION BESCHRIEBEN. NACH DER METHODE WERDEN DIE HOEHENUNTERSCHIEDE GEMEINSAM AUS DEN VON DEM ERSTEN UND ZWEITEN NIVELLEMENT BERECHNETEN GESCHWINDIGKEITSWERTEN AUSGEGLICHEN

=ERDKRUSTENBEWEGUNG, =VERTIKALKOMPONENTE, AUSGLEICHUNGSRECHNUNG, NIVELLEMENTSNETZ, WIEDERHOLUNGSMESSUNG
ENGL. A 5.462

0050
PRINZIP DER ZUSAMMENSTELLUNG DER LINIEN DER WIEDERHOLTEN NIVELLIERUNG ZUR UNTERSUCHUNG DER VERTIKALEN BEWEGUNGEN IN DER KARPATHEN-BALKAN REGION / FUERY, M. ; NEMETH, ZS. ; THURY, I.

IN: VEROEFF. ZENTRALINST. PHYSIK ERDE
POTSDAM (1985) 81. T.3. - S. 79-83

> B103, Q2548.

12.15.09
FUER JEDE LINIE ZWISCHEN DEN KNOTENPUNKTEN IN DER KARPATEN-BALKAN-REGION WURDEN DER HOEHENUNTERSCHIED ZUR 2. NIVELLIERUNG, SEINE ZUVERLAESSIGKEIT, DER ZEITPUNKT SEINER MESSUNG SOWIE DIE SUMME DER FUER JEDE STRECKE ABGELEITETEN GESCHWINDIGKEITSWERTE ZUSAMMENGESTELLT

=NIVELLEMENTSNETZ, =KARPATEN, BALKAN, WIEDERHOLUNGSMESSUNG, ERDKRUSTENBEWEGUNG, VERTIKALKOMPONENTE
DTSCH. A 5.463

0051
DETERMINATION OF CRUSTAL MOVEMENTS IN THE HIGH TATRA MOUNTAINS / HRADILEK, L.

IN: VEROEFF. ZENTRALINST. PHYSIK ERDE
POTSDAM (1985) 81. T.3. - S. 98-99
UEBERS. D. SACHT.: DIE BESTIMMUNG VON ERDKRUSTENBEWEGUNGEN IN DER HOHEN TATRA

> B103, Q2548.

12.15.09
A METHOD FOR DETERMINATION OF THE CRUSTAL MOVEMENTS IN THE REGIONS OF HIGH MOUNTAINS RIDGES HAS BEEN PRESENTED

=ERDKRUSTENBEWEGUNG, =VERTIKALKOMPONENTE, =HORIZONTALKOMPONENTE, LOTSCHWANKUNG, WINKELMESSUNG IN ALLEN KOMBINATIONEN, ENTFERNUNGSMESSUNG, MESSWERTVERARBEITUNG
ENGL. A 5.464

0052
FINNISH MEASUREMENTS OF THE FENNOSKANDIAN LAND UPLIFT GRAVITY LINES IN FINLAND 1966 - 1984 / KIVINIEMI, AIMO

IN: VEROEFF. ZENTRALINST. PHYSIK ERDE
POTSDAM (1985) 81. T.3. - S. 100-102
UEBERS. D. SACHT.: DIE FINNISCHEN MESSUNGEN DER FENNOSKANDISCHEN LANDHEBUNG AUF DEN SCHWEREPROFILEN IN FINNLAND VON 1966 - 1984

> B103, Q2548.

12.15.09
UEBER 18 JAHRE WURDE IN FINNLAND AN HAND PRAEZISIONSGRAVIMETRISCHER MESSUNGEN DIE BEZIEHUNG ZWISCHEN LANDHEBUNG UND SCHWEREFELD UNTERSUCHT. ES ZEIGEN SICH SIGNIFIKANTE ZEITLICHE SCHWEREAENDERUNGEN

=FINNLAND, =SKANDINAVIEN, =SAEKULARE SCHWEREAENDERUNG, SCHWERENETZ, ERDKRUSTENBEWEGUNG, VERTIKALKOMPONENTE
ENGL. A 5.465

0053
STATIONAERES HYDROSTATISCHES PRAEZISIONSNEIGUNGSMESSSYSTEM / LORENZ, GUENTER

IN: VEROEFF. ZENTRALINST. PHYSIK ERDE POTSDAM (1985) 81. T.3. - S. 102-105

> B103, Q2548.

12.15.09
ES WERDEN ANWENDUNGEN, ERFAHRUNGEN UND ERGEBNISSE MIT SCHLAUCHWAAGESYSTEMEN IM SUEDEN DER DDR BESCHRIEBEN. DIE GENAUIGKEIT DER HOEHENUNTERSCHIEDSBESTIMMUNGEN KONNTE ERHOEHT WERDEN, SO DASS MITTLERE FEHLER VON PLUS MINUS 0,003 MM FUER EINEN HOEHENUNTERSCHIED MOEGLICH SIND

=HYDROSTATISCHE HOEHENMESSUNG, =ERDKRUSTENBEWEGUNG, VERTIKALKOMPONENTE, GENAUIGKEITSSTEIGERUNG
DTSCH. A 5.466

0054
RECENT VERTICAL CRUSTAL MOVEMENTS OF THE CARPATHIAN-BALKAN REGION AND THEIR RELATIONSHIP WITH NEOTECTONIC MOVEMENTS AND GEOPHYSICAL FIELDS / MAGNITZKY, V. A. ; GRACHEV, A. F. ; KALASHNIKOVA, I. V.

IN: VEROEFF. ZENTRALINST. PHYSIK ERDE POTSDAM (1985) 81. T.3. - S. 113-123
UEBERS. D. SACHT.: VERTIKALE REZENTE ERDKRUSTENBEWEGUNGEN IN DER KARPATENREGION UND IHRE BEZIEHUNGEN ZU NEOTEKTONISCHEN BEWEGUNGEN UND GEOPHYSIKALISCHEN FELDERN

> B103, Q2548.

12.15.09
CORRELATION ANALYSIS HAS BEEN CARRIED OUT FOR ESTIMATION OF VERTICAL CRUSTAL MOVEMENTS, NEOTECTONIC MOVEMENTS AND CRUSTAL THICKNESS FOR THE LARGEST PART OF THE CARPATHIANBALKANREGION

=ERDKRUSTENBEWEGUNG, =VERTIKALKOMPONENTE, BALKAN, GEOTEKTONISCHE STRUKTUR, LITHOSPHAERE, GEOTHERMIK
ENGL. A 5.467

0055
ON THE RELATION BETWEEN RECENT CRUSTAL MOVEMENTS,THE SURFACE OF THE BASEMENT COMPLEX AND NEO-TECTONIC DISPLACEMENTS OF THE EAST EUROPEAN PLATFORM / MAGNITZKY, V. A. ; GRACHEV, A. F. ; KALASHNIKOVA, I. V.

IN: VEROEFF. ZENTRALINST. PHYSIK ERDE POTSDAM (1985) 81. T.3. - S. 124-130
UEBERS. D. SACHT.: UEBER DEN ZUSAMMENHANG ZWISCHEN REZENTEN ERDKRUSTENBEWEGUNGEN, DER OBERFLAECHE DES GRUNDGEBIRGES UND NEOTEKTONISCHEN VERSCHIEBUNGEN DER OSTEUROPAEISCHEN TAFEL

> B103, Q2548.

12.15.09
THE COMMUNICATION PRESENT SOME RESULTS OF INVESTIGATIONS OF RECENT VERTICAL CRUSTALMOVEMENTS WITHIN THE WESTERN PART OF EAST EUROPEAN PLATFORM (FROM LONGITUDE 42 GRAD E TO WEST). SCHEMATIC MAPS OF REGIONAL COMPONENTS OF MOVEMENTS IN WESTERN SOVIETUNION ARE PRESENTED

=GEOTEKTONISCHE STRUKTUR, =ERDKRUSTENBEWEGUNG, PLATTENTEKTONIK, UDSSR, AEUSSERER EINFLUSS
ENGL. A 5.468

0056
SIGNIFIKANZPRUEFUNG REZENTER VERTIKALER KRUSTENBEWEGUNGEN MIT KORRELATIONSFUNKTIONEN (KURZFASSUNG) / MEIER, S.

IN: VEROEFF. ZENTRALINST. PHYSIK ERDE POTSDAM (1985) 81. T.3. - S. 131

> B103, Q2548.

12.15.09
EMPIRISCH GESCHAETZTE AUTOKORRELATIONSFUNKTIONEN (AKF)EBENER HOMOGEN ISOTROPER PROZESSE VON ERDKRUSTENBEWEGUNGEN IN MITTEL- UND OSTEUROPA WERDEN

DURCH VERGLEICH MIT AKF BANDGEFILTETER
NIVELLEMENTSFEHLER AUF GEOPHYSIKALISCHE REALITAET
GEPRUEFT. AN EINIGEN BEISPIELEN ZEIGT SICH, DASS DIE
ERRECHNETEN VERTIKALBEWEGUNGEN NUR FUER DAS
PANNONISCHE BECKEN SIGNIFIKANT SIND

=ERDKRUSTENBEWEGUNG, =VERTIKALKOMPONENTE,
KORRELATIONSANALYSE, FEHLERBETRACHTUNG,
NIVELLEMENTSNETZ
DTSCH. A 5.469

0057
DYNAMICS OF THE BOHEMIAN MASSIF / VYSKOCIL, PAVEL

IN: VEROEFF. ZENTRALINST. PHYSIK ERDE
POTSDAM (1985) 81. T.3. - S. 156-159
UEBERS. D. SACHT.: DIE DYNAMIK DES BOEHMISCHEN
MASSIVS

> B103, Q2548.

12.15.09
ES WIRD UEBER DIE TEKTONISCHE STRUKTUR UND DAS
BEWEGUNGSVERHALTEN DES BOEHMISCHEN MASSIVS IN
BEZIEHUNG ZU ALPEN UND KARPATEN BERICHTET. DABEI
WERDEN DIE ERGEBNISSE NEUER
WIEDERHOLUNGSNIVELLEMENTS, LOKALER
HORIZONTALVERMESSUNGEN UND SATELLITENAUFNAHMEN
HERANGEZOGEN

=GEODYNAMIK, =ERDKRUSTENBEWEGUNG,
VERTIKALKOMPONENTE, ALPEN, KARPATEN, CSSR,
HORIZONTALKOMPONENTE, NIVELLEMENTSNETZ,
WIEDERHOLUNGSMESSUNG
ENGL. A 5.471

0058
AN OPTIMUM USE OF SEA-LEVEL RECORDINGS / WEISE, H.

IN: VEROEFF. ZENTRALINST. PHYSIK ERDE
POTSDAM (1985) 81. T.3. - S. 160-168
UEBERS. D. SACHT.: ZUR OPTIMALEN ANWENDUNG VON
MEERESPEGELREGISTRIERUNGEN

> B103, Q2548.

12.15.09
ES WIRD EINE LOESUNGSVARIANTE ZUR BESTIMMUNG
VERTIKALER ERDKRUSTENBEWEGUNGEN VORGELEGT, WELCHE
DIE KONTINUIERLICHEN WASSERSTANDSREGISTRIERUNGEN DER
ANGRENZENDEN MEERE ALS BEZUGSNIVEAU VERWENDET

=MEERESOBERFLAECHE, =MEERESNIVEAUAENDERUNG, MESSWERTVERARBEITUNG, PEGEL, =HOEHENBEZUGSPUNKT
ENGL. A 5.472

12.15.13 GEODAETISCHE ASTRONOMIE

SIEHE AUCH: 0029
0030
0038

0059
VYCHISLENIE EHKVATORIAL'NYKCH KOORDINAT SOLNCA / RJABCV, N.V.

IN: GEOD. I KARTOGR.
MOSKVA 61(1985)11.-S. 18 - 19
UEBERS. D. SACHT.: BERECHNUNG VON SONNENKOORDINATEN IM AEQUATORSYSTEM

> L191,Z29., B103., 88/19.

12.15.13
FORMELN ZUR BERECHNUNG VON SONNENKOORDINATEN IM AEQUATORSYSTEM BEI DEN ASTRONOMISCHEN BEOBACHTUNGEN GERINGERER GENAUIGKEIT.RECHENPROGRAMM FUER MIKROCOMPUTER ELEKTRONIKA B3-34.

SONNE, =ASTRONOMISCHES AUSWERTEVERFAHREN, AZIMUTBESTIMMUNG, FORMEL (MATH), =KOORDINATENBERECHNUNG, =PROGRAMM (DAT), MASCHINELLE BERECHNUNG, MIKRORECHNER
RUSSISCH A 5.123

0060
GEODAETISCH-ASTRONOMISCHE ERGEBNISSE DES OBSERVATORIUMS POTSDAM IN DER MERIT-HAUPTKAMPAGNE / MEINIG, MANFRED

IN: VERMESSUNGSTECHNIK
BERLIN 34(1986)3. S. 86-87

> L191, Z46., 88/19., B103.

12.15.13
AUS DEN ERGEBNISSEN DER MESSUNGEN MIT DEM ASTROLAB DANJON UND DEM PHOTOGRAPHISCHEN ZENITTELESKOP ZEISS PZT 2 WERDEN ZEITREIHEN FUER DIE ERDROTATIONSPARAMETER (BREITENAENDERUNGEN, UT1 - UTC,

TAGESLAENGE) ABGELEITET. DIE GENAUIGKEIT DER ERZIELTEN ERGEBNISSE WIRD IM VERGLEICH MIT ANDEREN STATIONEN BEURTEILT.

=SATELLITENBEOBACHTUNGSSTATION, =POTSDAM, =GEODAETISCHE ASTRONOMIE, POLBEWEGUNG, ROTATIONSSCHWANKUNG, ERDROTATION, ASTROLAB, FOTOGRAFISCHES ZENITTELESKOP
DTSCH. A 5.169

0061
THE SECOND ASTROLABE CATALOGUE AT VALINHOS / CLAUZET, L.B.F. ; BENEVIDES-SOARES, P.

IN: ASTRON. ASTROPHYS. SUPPL.
BERLIN(W.) SER. 61(1985). - S. 83 - 88
UEBERS. D. SACHT.: DER ZWEITE ASTROLABIUMSKATALOG IN VALINHOS
REF.:IN:ASTRON. AND ASTROPHYS. EUR. J.BERLIN(W.). - 148(1985)2. - S. 448 - 449

12.15.13
THIS PAPER CONTAINS THE INDIVIDUAL CORRECTIONS DEL-ALP AND DEL-DEL OF 126 STARS OF THE FK4 AND FK4 SUPPLEMENT, DERIVED FROM THE DANJON ASTROLABE OBSERVATIONS AT VALINHOS COVERING THE ZONE +5 DEG TO - 51 DEG OF DECLINATION.THE SYSTEMATIC ERRORS DEL+ ALP, DEL DEL, ALP AND DEL DEL, DEL FOR THE OBSERVED ZONE ARE PRESENTED IN COMPARISON WITH THE FIRST ASTROLABE CATALOGUE AT VALINHOS. THE INDIVIDUAL CORRECTIONS DEL ALP AND DEL DEL OF THE FK4 STARS ARE COMPARED WITH THE COMMON STARS OF THE "CATALOGUE GENERAL DES ASTROLABES".

=ASTROLAB, GEODAETISCHE ASTRONOMIE, STERNKATALOG, PRISMENASTROLAB VON DANJON
ENGL. A 5.345

0062
CELESTIAL REFERNCE COORDINATE SYSTEMS:SUBMILLIARCSECOND PRECISION DEMONSTRATED WITH VLBI OBSERVATIONS / ROBERTSON,D.S. ; FALLON, F.N. ; CARTER, W.E.

IN: ASTRON. J.
NEW YORK 91(1986)6. - S. 1456 - 1462
UEBERS. D. SACHT.: ASTRONOMISCHES REFERENZSYSTEM:GENAUIGKEIT BESSER ALS MILLIBOGENSEKUNDEN AUS VLBI BEOBACHTUNGEN

> 88/19.

12.15.13
VLBI OBSERVATIONS FROM THE POLARIS AND IRIS PROJECTS HAVE BEEN USED TO DETERMINE POSITIONS FOR 26 EXTRAGALACTIC RADIO SOURCES. NEARLY ALL THE FORMAL ERRORS OF THE ESTIMATED COORDINATES ARE LESS THAN ONE MILLISECOND OF ARC.REPEATABILITY TESTS USING SUBSETS OF THE TOTAL DATA SET INDICATE THAT SYSTEMATIC ERRORS IN THE SOURCE COORDINATES ARE OF THE ORDER OF ONE HALF MILLISECOND OF ARC.

=ASTRONOMISCHES KOORDINATENSYSTEM, VLBI-VERFAHREN, GENAUIGKEITSBEURTEILUNG
ENGL. A 5.364

0063
THE GREEN BANK INTERFEROMETER AS A TOOL FOR THE MEASUREMENT OF EARTH ORIENTATION PARAMETERS / MATSAKIS, D.N. ; JOSTIES, P.E. ; ANGERHOFER, D.R. ...

IN: ASTRON. J.
NEW YORK 91(1986)6. - S.1463 - 1473
UEBERS. D. SACHT.: ANWENDUNG DES GREEN - BANK-INTERFEROMETERS ALS INSTRUMENT ZUR BESTIMMUNG DER ERDROTATIONSPARAMETER

> 88/19.

12.15.13
COMPARISON OF UTO AS MEASURED BY THE CONNECTED - ELEMENT INTERFEROMETER AT GREEN BANK, WEST VIRGINIA WITH SIMILAR DATA DERIVED FROM VLBI AND THE BIH INDICATES THAT UTO CAN BY OBTAINED FROM THE LONGEST CEI BASELINE TO AN ACCURACY OF 0,8 MS. A VARIETY OF IMPROVEMENTS ARE DISCUSSED, INCLUDING A NEW MODEL ATMOSPHERE, A NEW METHOD OF EXTRACTING UTO FROM OUR DATA AND AN OPTIMAL SOURCE OBSERVATION SCHEDULE.

=ERDROTATION, VLBI-VERFAHREN, INTERFEROMETER, ATMOSPHAERISCHER EINFLUSS
ENGL. A 5.365

0064
25 JAHRE LOHRMANN-OBSERVATORIUM
IN: WISS.Z. TECHN.UNIV. DRESDEN
DRESDEN 35(1986)2. - S. 143 - 150
UEBERS. D. SACHT.: 25TH ANNIVERSARY OF THE LOHRMANN OBSERVATORY

> 88/19.

12.15.13, 47.51
DIE ANFAENGE DER ASTRONOMIE AN DER TH DRESDEN UND DIE GRUENDUNG DES LOHRMANN-INSTITUTS. AUFGABEN IN LEHRE UND FORSCHUNG BIS ZUR HOCHSCHULREFORM 1968. ENTWICKLUNG DER FORSCHUNGSKOOPERATION MIT AKADEMIEINSTITUTIONEN. ZUSAMMENARBEIT IM INTERNATIONALEN RAHMEN.HERAUSBILDUNG DER DREI OBSERVATORIUMSAUFGABEN MITARBEITUNG IM INTERNATIONALEN POLBEWEGUNGSDIENST, MITARBEIT IM PLANETOIDENPROGRAMM DER UDSSR UND ZUARBEIT FUER DAS INTERNATIONAL LUNAR OCCULTATION CENTRE. IM LOHRMANN-PROGRAMM WIRD ERSTMALIG IM GROESSEREN RAHMEN PHOTOGRAPHISCHES BEOBACHTUNGSMATERIAL DES 2-M-SCHMIDTTELESKOPES DER ADW DER DDR FUER ZWECKE DER GEODAETSISCHEN ASTRONOMIE VERWENDET.

GEODAETISCHE ASTRONOMIE, =OBSERVATORIUM, BEOBACHTUNGSPROGRAMM, TECHNISCHE UNIVERSITAET, DDR
DTSCH. A 5.370

0065

KOSMICHESKIE IZLUCHENIJA I VRASHHENIE ZEMLI / PIL'NIK, G.P.

IN: ASTRON. ZH.
MOSKVA 63(1986)1. - S. 184 - 190
UEBERS. D. SACHT.: COSMIC RADIATION AND THE EARTH'S ROTATION

> 88/19,, B103.

12.15.13, 47.15
ON THE BASIS OF CLASSICAL ASTRONOMICAL OBSERVATIONS OF TIME, WAVES OF NONUNIFORMITY IN THE EARTH'S ROTATION WITH PERIODS LESS THAN A DAY WERE FOUND. THE WAVE WITH THE PERIOD OF 159 MIN, 566 IS VERY CLOSE TO THE PERIOD OF GLOBAL OSCILLATIONS OF THE SUN'S SURFACE 160 MIN, 01 AND TO THE PERIOD OF THE GEMINGA GAMMA RAY RADIATION 159 MIN, 96 . THE NECESSITY IS POINTED OUT OF A DETAILED STUDY OF THE EARTH'S ROTATION IN THE DAYS OF GREAT DEVELOPMENTS OF ASTROPHYSICAL AND GEOPHYSICAL RESEARCH.

=ERDROTATION, ASTRONOMISCHE ZEITBESTIMMUNG, KOSMISCHE STRAHLUNG
RUSSISCH A 5.394

0066

OB OPREDELENII POPRAVOK K FUNDAMENTAL'NYM ZVEZDNYM KATALOGAM PO NABLJUDENIJAM ISZ S NETOCHNYMI MOMENTAMI VREMENI / ZEJJNALOV, R.A.

IN: ASTRON. ZH.
MOSKVA 63(1986)1. - S. 191 - 196
UEBERS. D. SACHT.: ON THE DETERMINATION OF THE CORRECTIONS TO THE FUNDAMENTAL STAR CATALOGUES USING THE OBSERVATIONS OF THE ARTIFICIAL EARTH'S SATELLITES WITH INACCURATE MOMENTS OF TIME

> 88/19,, B103.

12.15.13, 47.15
A POSSIBILITY OF THE DETERMINATION OF ZERO-POINTS AND SYSTEMATIC ERRORS OF THE STAR CATALOGUES FROM THE OPTIC OBSERVATIONS OF THE ARTIFICIAL EARTH'S SATELLITES WITH INACCURATE MOMENTS OF TIME IN THE CASE WHEN THESE ERRORS ARE PRESENTED BY EXPANSIONS ON SPHERIC FUNCTIONS ARE INVESTIGATED.THE RESULTS OF THE MODEL CALCULATIONS AND THEIR ESTIMATES ARE GIVEN.

=ASTRONOMISCHES KOORDINATENSYSTEM, STERNKATALOG, KUENSTLICHER SATELLIT
RUSSISCH A 5.395

0067

SHORT REPORT ON THE WORK OF IAU COMMISSION 31 TIME / HEMMLEB, G.

IN: VEROEFF. ZENTRALINST. PHYSIK ERDE
POTSDAM (1985) 81. T.1. - S. 34-35
UEBERS. D. SACHT.: KURZBERICHT UEBER DIE ARBEIT DER IAU-KOMMISSION 31 ZEIT

> B103, Q2548.

12.15.13
ES WIRD UEBERAUFGABEN UND AKTIVITAETEN DER IAU-KOMMISSION 31 (ZEIT) DER INTERNATIONALEN ASTRONOMISCHEN UNION (IAU)BERICHTET

=ZEITDIENST, ZEIT- UND FREQUENZDIENST DER DDR, IAG, INTERNATIONALE ARBEITSTEILUNG
ENGL. A·5.416

0068

ESTABLISHMENT OF THE BIH TERRESTRIAL SYSTEM BY COMBINING THE RESULTS OF DIFFERENT EARTH ROTATION SPACE GEODESY PROGRAMS / BOUCHER, CLAUDE ; FEISSEL,

---

MARTINE

IN: VEROEFF. ZENTRALINST. PHYSIK ERDE
POTSDAM (1985) 81. T.1. - S. 60
UEBERS. D. SACHT.: EINRICHTUNG EINES TERRESTRISCHEN BIH-SYSTEMS DURCH KOMBINATION DER ERGEBNISSE VERSCHIEDENER PROGRAMME BEZUEGLICH ERDROTATION UND KOSMISCHER GEODAESIE

> B103, Q2548.

12.15.13, 12.15.17

=ERDROTATION, =DOPPLERBEOBACHTUNG, =KOSMISCHE GEODAESIE, MESSVERFAHREN, VLBI-VERFAHREN, KOORDINATENSYSTEM, LASERENTFERNUNGSMESSUNG
ENGL. A 5.419

0069
TIDAL FRICTION, THE EARTHS ROTATION AND HYPOTHESIS OF AN EXPANDING EARTH / BURSA, MILAN

IN: VEROEFF. ZENTRALINST. PHYSIK ERDE
POTSDAM (1985) 81. T.1. - S. 61-67
UEBERS. D. SACHT.: GEZEITENREIBUNG, ERDROTATION UND HYPOTHESEN UEBER EINE EXPANDIERENDE ERDE

> B103, Q2548.

12.15.13, 12.15.09
ES WIRD GEZEIGT, DASS DIE BEOBACHTETE ABNAHME DER 2. ZONALEN KUGELFUNKTION IM SCHWEREPOTENTIAL UND DER WINKELGESCHWINDIGKEIT DER ERDROTATION DAS DYNAMISCHE VERHALTEN DER ERDE BEEINFLUSST

=ERDROTATION, =GEZEITENWIRKUNG, ERDFIGUR, KUGELFUNKTION, SCHWEREPOTENTIAL
ENGL. A 5.420

0070
ADJUSTMENT OF THE LATITUDE DATA BY LEAST-SQUARES COLLOCATION APPROACH / GALAS, R.

IN: VEROEFF. ZENTRALINST. PHYSIK ERDE
POTSDAM (1985) 81. T.1. - S. 139-141
UEBERS. D. SACHT.: AUSGLEICHUNG VON BREITENDATEN NACH DER METHODE DER KLEINSTEN QUADRATE

> B103, Q2548.

12.15.13, 12.15.37
THE STOCHASTIC-DETERMINISTIC MODEL OF LATITUDE VARIATIONS AND OF POLARMOTION, THE EMPIRICAL COVARIANCE FUNCTIONS, TREATMENT OF OBSERVATIONAL SERIES BY LEAST-SQUARES COLLOCATION

=BREITENBESTIMMUNG, =POLBEWEGUNG, AUSGLEICHUNGSRECHNUNG, METHODE DER KLEINSTEN QUADRATE, ALGORITHMUS, MESSWERTVERARBEITUNG, KOLLOKATION
ENGL. A 5.425

0071
THE IRREGULARITY IN THE EARTHS ANNUAL ROTATION AS A CAUSE OF SYSTEMATIC TIME VARIATION / IVANOV, J. B.

IN: VEROEFF. ZENTRALINST. PHYSIK ERDE
POTSDAM (1985) 81. T.2. - S. 16-18
UEBERS. D. SACHT.: UEBER UNREGELMAESSIGKEITEN IM JAHRESPERIODISCHEN BEWEGUNGSVERHALTEN DER ERDE ALS URSACHE SYSTEMATISCHER ZEITAENDERUNGEN

> B103, Q2548.

12.15.13
ES WERDEN UNTERSUCHUNGSERGEBNISSE UEBER EINFLUESSE AUF DAS ROTATIONSVERHALTEN DER ERDE BESCHRIEBEN. NEBEN PROZESSEN IM ERDINNERN WERDEN METEOROLOGISCHE MASSENVERAENDERUNGEN IN IHRER WIRKUNG UNTERSUCHT

=ERDROTATION, PERIODIZITAET, ZEITMESSUNG, METEOROLOGISCHER EINFLUSS, ROTATIONSSCHWANKUNG
ENGL. A 5.432

0072
ON THE INFLUENCE OF COUPLING TORQUES BETWEEN THE EARTHS CORE AND MANTLE ON PARAMETERS AND COMPONENTS OF THE ROTATION OF THE EARTH / JOCHMANN, H.

IN: VEROEFF. ZENTRALINST. PHYSIK ERDE
POTSDAM (1985) 81. T.2. - S. 29-31
UEBERS. D. SACHT.: UEBER DEN EINFLUSS GEKOPPELTER DREHMOMENTE ZWISCHEN ERDKERN UND ERDMANTEL AUF PARAMETER UND KOMPONENTEN DER ERDROTATION

> B103, Q2548.

12.15.13
ES LIESS SICH ZEIGEN, DASS KORRELATIONEN ZWISCHEN DEN VARIATIONEN DES MAGNETISCHEN FELDES UND DER TAGESLAENGE BESTEHEN. ES BESTEHT NUR EINE GERINGE

KORRELATION ZWISCHEN DEM MAGNETISCHEN FELD UND DER CHANDLER-PERIODE

=ERDROTATION, =ERDKERN, =ERDMANTEL, KORRELATIONSANALYSE, MAGNETISMUS, CHANDLERSCHE PERIODE
ENGL. A 5.434

0073
ON SHORT PERIODICAL VARIATIONS OF POLAR MOTION AND UT1 - UTC / KOLACZEK, B. ; BRZEZINSKI, A. ; KOSEK, W.

IN: VEROEFF. ZENTRALINST. PHYSIK ERDE POTSDAM (1985) 81. T.2. - S. 35-44
UEBERS. D. SACHT.: KURZPERIODISCHE VARIATIONEN DER POLBEWEGUNG UND DAS SYSTEM UT1 - UTC

> B103, Q2548.

12.15.13, 47.15
THE PRESENT ACCURACY OF POLE POSITION DATA AND UT1 - UTC ALLOW TO DETECT SOME SHORT PERIODICAL VARIATIONS OF POLAR MOTION AND UT1 - UTC AND TO DETERMINE THE ORDER OF THEIR AMPLITUDES. RESULTS FROM DIFFERENT METHODS ARE COMMUNICATED

=POLBEWEGUNG, =KOORDINATENSYSTEM, ZEIT, PERIODIZITAET, SPEKTRALANALYSE
ENGL. A 5.436

0074
INFLUENCES OF SYSTEMATIC DIFFERENCES BETWEEN DIFFERENT STAR CATALOGUES ON THE RESULTS OF LATITUDE AND TIME DETERMINATIONS WITH THE PZT2 / MEINIG, M.

IN: VEROEFF. ZENTRALINST. PHYSIK ERDE POTSDAM (1985) 81. T.2. - S. 45-54
UEBERS. D. SACHT.: EINFLUESSE SYSTEMATISCHER DIFFERENZEN ZWISCHEN VERSCHIEDENEN STERNKATALOGEN AUF DIE ERGEBNISSE VON BREITEN- UND ZEITBESTIMMUNGEN MIT DEM PZT2

> B103, Q2548.

12.15.13
DER EINFLUSS DER SYSTEMATISCHEN DIFFERENZEN DER STERNKATALOGE PZT80 UND NPZT74 AUF DIE ERGEBNISSE DER BREITEN- UND ZEITBESTIMMUNGEN WIRD ANHAND DER BEOBACHTUNGSREIHEN MIT DEM POTSDAMER PZT FUER DIE JAHRE 1981 - 83 DARGESTELLT

=FOTOGRAFISCHES ZENITTELESKOP, =STERNKATALOG, BREITENBESTIMMUNG, LAENGENBESTIMMUNG, MESSWERTKORREKTION, SYSTEMATISCHER FEHLER
ENGL. A 5.437

0075
VARIATIONAL PRINCIPLES FOR EARTH ROTATION / MORITZ, H.

IN: VEROEFF. ZENTRALINST. PHYSIK ERDE POTSDAM (1985) 81. T.2. - S. 88-101
UEBERS. D. SACHT.: VARIATIONSPRINZIPIEN FUER DIE ERDROTATION

> B103, Q2548.

12.15.13, 47.15, 12.15.37
AUSGEHEND VOM ROTATIONSVERHALTEN EINER STARREN ERDE WIRD UEBER MODELLABSCHAETZUNGEN VON JEFFREYS MITTELS HOLONOMER VARIABLER UND UEBER JUENGERE ABSCHAETZUNGEN MIT HILFE POINCARESCHER GLEICHUNGEN BERICHTET

=ERDROTATION, VARIATIONSRECHNUNG, ERDMODELL, ERDELASTIZITAET, ERDMANTEL, ERDKERN
ENGL. A 5.442

0076
SECULAR AND LONG TERM VARIATIONS IN POLAR MOTION FROM CLASSICAL AND DOPPLER OBSERVATIONS / POMA, A. ; PROVERBIO, E.

IN: VEROEFF. ZENTRALINST. PHYSIK ERDE POTSDAM (1985) 81. T.2. - S. 101-108
UEBERS. D. SACHT.: SAEKULARE UND LANGZEITVERAENDERUNGEN IN DEN POLBEWEGUNGEN AUS KLASSISCHEN UND DOPPLERBEOBACHTUNGEN

> B103, Q2548.

12.15.13, 47.15, 12.15.17
EINE VERGLEICHENDE BETRACHTUNG DER RESULTATE VON BEOBACHTUNGSREIHEN NACH KLASSISCHEN ASTRONOMISCHEN VERFAHREN (ILS UND BIH) UND DOPPLERBEOBACHTUNGSVERFAHREN BESTAETIGT SAEKULARE POLBEWEGUNGEN IN UEBEREINSTIMMUNG MIT DEN KRUSTENBEWEGUNGSMODELLEN

=ASTRONOMISCHES BEOBACHTUNGSVERFAHREN, =DOPPLERBEOBACHTUNG, POLBEWEGUNG, POLARKOORDINATEN, CHANDLERSCHE PERIODE, MODELLIERUNG (MATH), GEODYNAMIK

ENGL. A 5.443

0077
POLAR MOTION BETWEEN 190C,0 AND 1984,0 AS DETERMINED BY DIFFERENT TECHNIQUES / VONDRAK, J.

IN: VEROEFF. ZENTRALINST. PHYSIK ERDE POTSDAM (1985) 81. T.2. - S. 143
UEBERS. D. SACHT.: DIE POLBEWEGUNG ZWISCHEN 1900,0 UND 1984,0 AN HAND VERSCHIEDENER BEOBACHTUNGSTECHNIKEN

> B103, Q2548.

12.15.13, 4,7.15
ES WURDEN POLBEWEGUNGEN UNTERSUCHT, DIE ZWISCHEN 1900,0 UND 1984,0 MIT HILFE KLASSISCHER ASTRONOMISCHER VERFAHREN (BIS 1973) UND MODERNER TECHNIKEN IN VERBINDUNG MIT DER KLASSISCHEN ASTROMETRIE (NACH 1973)ERMITTELT WURDEN

=POLBEWEGUNG, ASTRONOMISCHES BEOBACHTUNGSVERFAHREN, ASTROMETRIE, CHANDLERSCHE PERIODE, MESSTECHNIK
ENGL. A 5.449

12.15.17 KOSMISCHE GEODAESIE

SIEHE AUCH: 0068
0076

0078
O VLIJANII NESOVPADENIJA OSI GLAVNOGO MOMENTA INERCII SO SREDNEJJ OS'JU VRASHHENIJA ZEMLI NA DVIZHENIE REZONANSNYKH IS / SMIRNOV, A. V.

IN: IZVEST. VYSSH. UCHEBN. ZAVEDENIJJ, GEOD. I AEHROFOTOS''JOMKA
MOSKVA 29(1985)4. - S. 54-58
UEBERS. D. SACHT.: ZUM EINFLUSS DER NICHTUEBEREINSTIMMUNG DER ACHSE DES HAUPTTRAEGHEITSMOMENTES MIT DER MITTLEREN ROTATIONSACHSE DER ERDE AUF DIE BEWEGUNG VON RESONANZSATELLITEN

> L191, Z27., B103., 88/19.

12.15.17
ABLEITUNG VON FORMELN ZUR BESTIMMUNG VON STOERUNGEN DER BAHNELEMENTE EINES RESONANZSATELLITEN IN ERSTER

NAEHERUNG, DIE UNTER DEM EINFLUSS DER HARMONISCHEN KOEFFIZIENTEN MIT DEM FAKTOR I,21, ENTSTEHEN. TAFEL DER STOERUNGEN DER GEOZENTRISCHEN ENTFERNUNG UND RADIALGESCHWINDIGKEIT VON KES MIT UNTERSCHIEDLICHEN EXZENTRIZITAETSUND NEIGUNGSWERTEN.

BAHNELEMENT, =BAHNSTOERUNG, =ERDROTATION, =KUENSTLICHER SATELLIT, ERDMASSE
RUSSISCH A 5.065

0079
EINSATZMOEGLICHKEITEN DES EINKANALEMPFAENGERS MAGNAVOX MX 4102 SATELLITE NAVIGATOR / GEHLICH, UWE ; HIRSCH, OTTO

IN: ALLG. VERMESS.-NACHR.
KARLSRUHE 93(1986)1. - S.27-36

> L191, Z5., B103., 88019.

12.15.17, 69.49
BERICHT UEBER ERFAHRUNGEN, DIE VOM FACHGEBIET SATELLITENGEODAESIE, GEODAETISCHE ASTRONOMIE UND MESSTECHNIK DER TU BERLIN (WEST) MIT DEM NAVIGATIONS-EMPFAENGER MX 4102 GEMACHT WURDEN

=DOPPLERBEOBACHTUNG, =DOPPLEREMPFAENGER, =ORTUNG MIT KUENSTLICHEN SATELLITEN, MESSFAHRZEUG, MESSGERAETEDATEN
DTSCH. A 5.203

0080
LES APPLICATIONS DE NAVSTAR A LA TOPOGRAPHIE / NARD, G.

IN: XYZ REV. ASSOC. FRANC. TOPOGR.
PARIS (1985)23. S. 31-42
UEBERS. D. SACHT.: NUTZUNG DES NAVIGATIONSSYSTEMS NAVSTAR FUER DIE TOPOGRAPHIE

> VUGTK, 42 690.

12.15.17
BESCHREIBUNG DER KONFIGURATION DES GLOBALEN SYSTEMS NAVSTAR ZUR LAGEBESTIMMUNG.BIS ZUM JAHRE 1988 WERDEN 18 NAVIGATIONSSATELLITEN AUF UMLAUFBAHNEN IN EINE HOEHE VON 20 000 KM GEBRACHT.BESCHREIBUNG VON AUFNAHMESTATIONEN, BEARBEITUNG VON ERGEBNISSEN DER DOPPLERMESSUNGEN UND IHRE NUTZUNG FUER TOPOGRAPHISCHE AUFNAHMEN (LAGEBESTIMMUNG VON PASSPUNKTEN AUS LUFT- UND KOSMISCHEN BILDERN).

=DOPPLERBEOBACHTUNG, ORTUNG MIT KUENSTLICHEN SATELLITEN, =TOPOGRAFISCHE AUFNAHME, KOSMISCHES BILD
FRANZ. A 5.306

0081
GRUNDLAGEN ZUR NUTZUNG DES GLOBAL POSITIONING SYSTEM (GPS) IN DER LANDESVERMESSUNG / CAMPBELL, JAMES

IN: Z. VERMESS.-WESEN
STUTTGART 111(1986)1. - S. 19 - 23
UEBERS. D. SACHT.: FUNDAMENTALS FOR THE UTILIZATION OF THE GLOBAL POSITIONING SYSTEM (GPS) IN NATIONAL SURVEYING

> 88/19, Z 17., L191., B103.

12.15.17
THE NAVY NAVIGATION SATELLITE SYSTEM (NNSS) HAD BEEN DEVELOPED IN THE SIXTIES AND WAS SET INTO OPERATION AT A LATER DATE. THE ACCURACY OF DISTANCES OF SOME 100 KM AMOUNT TO 1 M. THE NAVSTAR/GLOBAL POSITIONING SYSTEM (GPS) OF THE U.S.A. DEVELOPED IN THE SEVENTIES SEEMS TO BE MORE FAVOURABLE CONCERNING COST AND ACCURACY.AT PRESENT THE GPS SYSTEM IS IN PHASE 2 (FULL SCALE DEVELOPMENT)OF THE DEVELOPING STATE. THE FINAL CONFIGURATION PLANS THE APPLICATION OF 18 SATELLITES IN 6 DIFFERENT ORBIT PLANES SO THAT AT EACH POINT ON EARTH 4 SATELLITES (AT LEAST) ARE AIVALABLE FOR THREE-DIMENSIONAL POSITIONING.

=SATELLITENGEODAESIE, STAATLICHE KARTE, STAATLICHES NETZ, ORTUNG MIT KUENSTLICHEN SATELLITEN
DTSCH. A 5.375

0082
GEODETISK POSITIONSBESTAEMNING MET SATELLITSYSTEMET GPS / SJOEBERG, LARS E.

IN: SVENSK LANTMAETERI T.
STOCKHOLM (1985)6. - S. 302 - 307
UEBERS. D. SACHT.: GEODETIC POSITIONING WITH THE GPS SATELLITE SYSTEM

> 88/19, Z 45.

12.15.17
THE GPS (GLOBAL POSITIONING SYSTEM) SATELLITE SYSTEM HAS APPARENTLY INFLUENCED THE FUTURE WORKING DAY OF A GEODESIST. AT PRESENT THE SYSTEM IS ABLE TO DETERMINE 10 TO 30 KM LONG BASELINES IN PLANE AND

IN HEIGHT WITH AN ACCURACY OF THE ORDER OF CENTIMETRES AFTER A DURATION OF OBSERVATION OF APPROX.3 HOURS. THE FIELD OF APPLICATION COMPRISES PARTIAL FIELDS OF MODERN GEODESY, GLOBAL REGIONAL AND SCIENTIFIC PROJECTS URBAN MEASUREMENTS AND MEASUREMENTS IN ENGINEERING GEODESY.

=SATELLITENGEODAESIE, ORTUNG, TRAEGHEITSNAVIGATION
SWE A 5.386

0083
SOME HIGHLIGHTS OF THE SCIENTIFIC CONFERENCE OF THE INTERCOSMOS-COOPERATION ON SATELLITE GEODESY IN KARLOVY VARY, SEPT. 16. - 21. 1984 / MONTAG, H.

IN: VEROEFF. ZENTRALINST. PHYSIK ERDE
POTSDAM (1985) 81. T.1. - S. 36-37
UEBERS. D. SACHT.: EINIGE HOEHEPUNKTE DER KONFERENZ DER INTERKOSMOSKOOPERATION UEBER SATELLITENGEODAESIE IN KARLOVY VARY,VOM 16. - 21. SEPTEMBER 1986

> B103, Q2548.

12.15.17
ES WIRD UEBER HAUPTERGEBNISSE DES INTERKOSMOSSYMPOSIUMS BEZUEGLICH DER ANWENDUNG KUENSTLICHER SATELLITEN FUER AUFGABEN IN DER ASTRONOMIE, DER GEODAESIE UND DER GEOPHYSIK BERICHTET

=SATELLITENGEODAESIE, =INTERKOSMOS, KOOPERATION, KONFERENZ, CSSR, ASTRONOMIE, GEODAESIE, GEOPHYSIK
ENGL. A 5.417

12.15.25 ANLAGE GEODAETISCHER FESTPUNKTNETZE

SIEHE AUCH: 0088

0084
NIEKTORE PROBLEMY OCENY NIEZAWODNOSCI SIECI GEODEZYJNYCH / GASOWSKA, BARBARA

IN: ACTA ACAD. AGRICULT. AC TECHN. OLST., RH. GEOD. ET RURIS REGULATIO
OLSZTYN, 1985,NR. 15(262). - S. 61-77
UEBERS. D. SACHT.: EINIGE PROBLEME DER AUSWERTUNG DER ZUVERLAESSIGKEIT GEODAETISCHER NETZE

> B103, 04531.

12.15.25, 12.15.37
BERECHNUNG DER NETZZUVERLAESSIGKEIT UND AUFDECKUNG GROBER BEOBACHTUNGSFEHLER DURCH STATISTISCHE TESTS. ERLAEUTERUNG ANHAND VERSCHIEDENER BEISPIELE VON WINKEL- UND STRECKENNETZMODELLEN. EINFLUSS DER ANZAHL ZUSAETZLICHER BEOBACHTUNGEN UND DER NETZFORM AUF DIE ZUVERLAESSIGKEIT DES NETZES.

=GEODAETISCHES NETZ, NETZFORM, FEHLEREINFLUSS, FEHLERGRENZE, GENAUIGKEITSVORAUSBERECHNUNG, =MESSFEHLER, =STATISTISCHER TEST
POLN. A 5.250

0085
GEODAETISCHE NETZE IN LANDES- UND INGENIEURVERMESSUNG 2 KONTAKTSTUDIUM 1985 / PELZ, HANS (HRSG.)
STUTTGART:WITTWER VERLAG , 1985. - 846 S.
(VERMESS.-WESEN ; 13)
ISSN: 3-87919-140-9

> 88/19, F-109, Z

12.15.25, 12.23.05
LECTURES OF A SO-CALLED CONTACT COURSE CONCERNING INFORMATION ON LATEST DEVELOPMENTS IN THE THEORETICAL FUNDAMENTALS (SECTION A- MATHEMATICAL STATISTICS, ADJUSTMENT MODELS, NET QUALITY, OPTIMIZATION, POINT NETWORKS, REGISTRATION AND PROCESSING OF SIGNALS), (SECTION B - BASIC CONTROL NETS OF NATIONAL SURVEYING) AND (SECTION C - PROJECT RELATED NETS OF ENGINEERING SURVEYING.

=WEITERBILDUNG, =GEODAESIE, UNIVERSITAET, BRD, 1985, GEODAETISCHES NETZ, LANDESVERMESSUNG, INGENIEURVERMESSUNG, AUSGLEICHUNGSRECHNUNG, MATHEMATISCHE STATISTIK
DTSCH. A 5.377

12.15.33 GEODAETISCHE MESSVERFAHREN

SIEHE AUCH: 0100
0035

0086
INSTRUMENTAL'NYJJ GRAFOANALITICHESKIJJ SPOSOB OPREDELENIJA EHLEMENTOV PRIVEDENIJA / MATIEK, S.I.

IN: GEOD.. KARTOGR. I AEHROFOTOS''JOMKA
L'VOV, 1986, VYP.43. - S. 56 - 63
UEBERS. D. SACHT.: INSTRUMENTELLES
GRAPHISCH-ANALYTISCHES VERFAHREN ZUR BESTIMMUNG DER
REDUKTIONSELEMENTE

> L191, Z117., B103.

12.15.33
DIE FAKTOREN WERDEN GENANNT, DIE DIE GENAUIGKEIT DER
REDUKTIONSELEMENTE INFOLGE DER NICHT ZENTRISCHEN
AUFSTELLUNG DES HAUPTTHEODOLITS UND DES ZIELS
BESTIMMEN. MAENGEL DER BESTEHENDEN VERFAHREN ZUR
BESTIMMUNG DER REDUKTIONSELEMENTE. WESEN UND
METHODIK DER BESTIMMUNG DER REDUKTIONSELEMENTE NACH
DEM VORGESCHLAGENEN VERFAHREN. EFFEKTIVITAET UND
ZWECKMAESSIGE ANWENDUNGSFAELLE. 7 LIT.

=MESSWERTKORREKTION, FEHLERBETRACHTUNG,
=TRIANGULATION, =ZENTRIERUNG
RUSSISCH A 5.235

0087
IZYSKANIE EHFFEKTIVNYKH METODOV UCHJOTA NIVELIRNOJJ
REFRAKCII / OSTROVSKIJJ, A.L. ; STASHHISHIN, I.I. ;
TERESHHUK, A.I.

IN: GEOD., KARTOGR. I AEHROFOTOS''JOMKA
L'VOV, 1986, VYP.43. - S. 83 - 88
UEBERS. D. SACHT.: ERMITTLUNG EFFEKTIVER METHODEN
ZUR BERUECKSICHTIGUNG DER NIVELLEMENTSREFRAKTION

> L191, Z117., B103.

12.15.33, 45.29
METEOROLOGISCHE FORMELN ZUR BERUECKSICHTIGUNG DER
NIVELLEMENTSREFRAKTION UND IHRE GENAUIGKEIT.ZUR
ERREICHUNG DER ERFORDERLICHEN ABLESEGENAUIGKEIT DER
NIVELLEMENTSLATTE (0,05MM) IST DIE BESTIMMUNG DER
VERTIKALREFRAKTION DURCH FESTSTELLEN DER AMPLITUDE
DER BILDSCHWANKUNG AM BESTEN GEEIGNET. AUS DEN
GEGEBENEN EXPERIMENTELLEN DATEN GEHT HERVOR, DASS
BEI ZUNAH*E DER AMPLITUDE DER SCHWANKUNGEN DER
FEHLER DER STRICHABLESUNG AN DER NIVELLEMENTSLATTE
GROESSER WIRD. 8 LIT.

REFRAKTIONSBESTIMMUNG, NIVELLIERLATTE,
=REFRAKTIONSKORREKTION, =GEOMETRISCHE HOEHENMESSUNG,
METEOROLOGISCHER EINFLUSS, FEHLERBETRACHTUNG,
GENAUIGKEITSANFORDERUNG

RUSSISCH A 5.237

0088
DOPPLER ON TOWERS OVER WATER / RUSH, G. J. ; HAWKER, D. J.

IN: AUSTRAL. SURVEYOR
SYDNEY 32(1985)5. - S. 342-352
UEBERS. D. SACHT.: DOPPLERGERAET AUF TUERMEN UEBER WASSER

> VUGTK, 15936.

12.15.33, 12.15.25
BEI DER AUFNAHME VON KORALLENRIFFEN IN NORDOSTAUSTRALIEN WURDEN DOPPLERVERFAHREN ZUM AUSBAU DES GRUNDLAGEPUNKTFELDES GENUTZT. EXPERIMENT ZUR BESTIMMUNG DER GEEIGNETSTEN ANORDNUNG DER ANTENNE, DES DRAHTGEFLECHTSRASTERS UND DER HOEHE EINES MONTIERTEN, UEBER DAS WASSER RAGENDEN UND AUSSER DER ANTENNE AUCH DIE AUSWERTEAPPARATUR VOM TYP MAGNAVOX MX1502 TRAGENDEN TURMES.

DOPPLEREMPFAENGER, =GEODAETISCHES NETZ, =SEE- UND KUESTENVERMESSUNG, AUSTRALIEN, DOPPLERBEOBACHTUNG
ENGL. A 5.257

0089
UNDERGROUND GRAVITY SURVEYING IN DAI-SHIMIZU TUNNEL / HAGIWARA, Y. ; OKUBO, S. ; NAGASAWA, K.

IN: J. GEOD. SOC. JAP.
KITASATO 30(1984)3. - S. 169-174
UEBERS. D. SACHT.: UNTERIRDISCHE SCHWEREMESSUNGEN IM DAI-SHIMIZU-TUNNEL

> VUGTK, 23949., B103.

12.15.33
BERICHT UEBER DIE IM 22,2 KM LANGEN EISENBAHNTUNNEL DURCHGEFUEHRTEN SCHWEREMESSUNGEN.UNTERIRDISCHE SCHWEREMESSUNGEN WURDEN MIT ZWEI LACOSTE-ROMBERG GRAVIMETERN (G210 UND G581) IM JUNI 1982 DURCHGEFUEHRT. VORBEREITUNGSARBEITEN, MESSUNGSANORDNUNG UND -ABLAUF SOWIE VERFAHREN ZUR MESSUNGSREDUKTION. GEOLOGISCHE INTERPRETATION DES LOKALEN SCHWEREFELDES.

=SCHWEREBESTIMMUNG, =JAPAN, =TUNNEL, UNTERIRDISCHE MESSUNG, SCHWEREANOMALIE, ERDSCHWEREFELD, GEOLOGISCHE ERKUNDUNG

JAPAN. A 5.272

0090
ABSOLUTE MEASUREMENTS OF GRAVITY IN TOHOKU DISTRICT (I)
/ HANADA, H. ; OOE, T. ; TSUBOKAWA, T.

IN: J. GEOD. SOC. JAP.
KITASATO 30(1984)3. S. 228-236
UEBERS. D. SACHT.: ABSOLUTMESSUNGEN DER SCHWERKRAFT
IM BEZIRK TOHOKU (I)

> VUGTK, 23949., B103.

12.15.33
BERICHT UEBER DIE ANFANG 1984 IN DER AOBAYAMA ERDBEBENSTATION DURCHGEFUEHRTEN ABSOLUTSCHWEREMESSUNGEN,DIE MIT DEM AM INTERNATIONALEN BREITENOBSERVATORIUM MIZUSAWA ENTWICKELTEN TRAGBAREN ABSOLUTGRAVIMETER DURCHGEFUEHRT WURDEN. MESSGENAUIGKEIT VON 58 MYGAL. BEIM VERGLEICH MIT DEN AN DAS ISGN 71-SYSTEM ANGESCHLOSSENEN,MIT ZWEI LACOSTE-ROMBERG GRAVIMETERN DURCHGEFUEHRTEN RELATIVMESSUNGEN ZEIGTE SICH, DASS DIE RESULTIERENDE SCHWERKRAFT AUS ABSOLUTMESSUNGEN UM 85 MIKROGAL KLEINER IST.

=JAPAN, SCHWEREBESTIMMUNG, =ABSOLUTE SCHWEREBESTIMMUNG, GRAVIMETER, GERAET ZUR ABSOLUTEN SCHWEREBESTIMMUNG
JAPAN. A 5.277

0091
OBSERVATIONS BY THE SUPER-INVAR EXTENSOMETER AND THE FUSED QUARTZ EXTENSOMETER INSTALLED ON THE COMMON BASE
/ HASHIDA, M. ; SHIGETOMI, K.

IN: J. GEOD. SOC. JAP.
KITASATO 30(1984)4. - S.264-273
UEBERS. D. SACHT.: BEOBACHTUNGEN MIT EINEM SUPER-INVAR-EXTENSOMETER UND EINEM AUF DERSELBEN BASIS INSTALLIERTEN SCHMELZQUARZ-EXTENSOMETER

> VUGTK, 23949., B103.

12.15.33
DIE DURCH TEMPERATURAENDERUNGEN UND INFOLGE DER WIRKUNG VERSCHIEDENER AEUSSERER KRAEFTE HERVORGERUFENEN LAENGENAENDERUNGEN DER MESSBASIS EINES EXTENSOMETERS FUEHREN ZU MESSFEHLERN, DIE AUS DEN ERGEBNISSEN ELIMINIERT WERDEN MUESSEN. UM DIESE MESSFEHLER MOEGLICHST OBJEKTIV FESTZUSTELLEN, WERDEN

SIMULTANBEOBACHTUNGEN MIT ZWEI AUF DERGLEICHEN BASIS INSTALLIERTEN EXTENSOMETERN DURCHGEFUEHRT. BEARBEITUNGSVERFAHREN UND ERGEBNISSE

=STRAINMETER, =FEHLEREINFLUSS, MESSFEHLER
JAPAN. A 5.283

0092
NYA METODER FOER PRECISIONSHOEJDBESTIMMUNG FRAMTID SUTSIRTER / BECKER, J.-M. ; LITHEN, T.

IN: SVENSK LANTMAETERI T.
STOCKHOLM (1985)6. - S. 292 - 301
UEBERS. D. SACHT.: NEW TECHNIQUES FOR FUTURE PRECISION HEIGHT DETERMINATIONS

> 88/19, Z 45.

12.15.33
CONTEMPORARY SWEDEN AND ESPECIALLY THE NATIONAL SURVEYING AUTHORITIES ARE WORKING AT THE RATIONALIZATION AND THE EFFICIENT PERFORMANCE OF GEODETIC WORK CONCERNING A NATIONAL NETWORK IN PLANE , HEIGHT AND GRAVITY. MATTERS OF HEIGHT DETERMINATION AND THE DEVELOPMENT OF NEW PRECISION TECHNIQUES ARE DESCRIBED. IT IS REPORTED ON APPLIED METHODS AND TECHNIQUES AND ON AUTOMATION, MOTORIZATION AND DATA PROCESSING IN SWEDEN AND ABROAD.

=PRAEZISIONSMESSVERFAHREN, FEINNIVELLEMENT, TRIGONOMETRISCHE HOEHENBESTIMMUNG, MOTORISIERTES NIVELLEMENT, TRAEGHEITSNAVIGATION, ORTUNG
SWE A 5.385

0093
COMPARISONS OF DIFFERENT OBSERVATION METHODS OF A LACOSTE AND ROMBERG G GRAVIMETER / MIKKOLA, L.

IN: VEROEFF. ZENTRALINST. PHYSIK ERDE
POTSDAM (1985) 81. T.3. - S. 132-135
UEBERS. D. SACHT.: VERGLEICH VERSCHIEDENER BEOBACHTUNGSMETHODEN VON LACOSTE UND ROMBERG G GRAVIMETERN

> B103, Q2548.

12.15.33, 73.19
ES WERDEN NETZMESSUNGEN UND LABORATORIUMTESTS MIT EINEM LCR G 600 DISKUTIERT. DIE SIGNALGEWINNUNG ERFOLGT NACH 3 VERSCHIEDENEN METHODEN: OPTISCH, MIT

HILFE DES GRAVIMETERGALVANOMETERS UND MIT DIGITALVOLTMETERN IN VERBINDUNG MIT ELEKTRONISCHEN FILTERN

=GRAVIMETER, MESSVERFAHREN, PRAEZISIONSGRAVIMETRIE, VERGLEICHENDE UNTERSUCHUNG
ENGL. A 5.470

12.15.37 MATHEMATISCHE BEARBEITUNG GEODAETISCHER MESSUNGEN

SIEHE AUCH: 0008
0084
0099
0026
0070
0075
0046

0094

OBOBSHHJONNYJJ PARAMETRICHESKIJJ SPOSOB URAVNIVANIJA, REKURRENTNAJA FORMULA I KOLLOKACIJA / MARKUZE, JU. I.

IN: IZVEST. VYSSH. UCHEBN. ZAVEDENIJJ, GEOD. I AEHROFOTOS''JOMKA
MOSKVA 29(1985)4. - S. 3-14
UEBERS. D. SACHT.: VERALLGEMEINERTES PARAMETRISCHES AUSGLEICHUNGSVERFAHREN, REKURSIONSFORMEL UND KOLLOKATION

> L191, Z27., B103., 88/19.

12.15.37
ABLEITUNG ALLER BEKANNTEN UND NEUEN AUSGLEICHUNGSVERFAHREN AUF DER GRUNDLAGE DER THEORIE DES PARAMETRISCHEN AUSGLEICHUNGSVERFAHRENS DURCH EINTEILUNG DES VERBESSERUNGSGLEICHUNGSSYSTEMS IN ZWEI GRUPPEN. UNTERSUCHUNG DER AUSGLEICHUNGSVERFAHREN UNTER BERUECKSICHTIGUNG DER FEHLER DER AUSGANGSDATEN, DER FORMALEN MODELLE DER MITTLEREN KOLLOKATION MIT ABLEITUNG NEUER ERGEBNISSE SOWIE DER ANWENDUNG DER REKURSIONSFORMEL DER MATRIZENINVERSION. GENAUIGKEITSEINSCHAETZUNG. VORSCHLAG EINES EFFEKTIVEN VERFAHRENS DER MATRIZENINVERSION DER NORMALGLEICHUNGEN.

=AUSGLEICHUNGSRECHNUNG, =KOLLOKATION, =MATRIZENOPERATION, NORMALGLEICHUNGSSYSTEM
RUSSISCH A 5.060

0095
PROEKTIROVANIE KINEMATICHESKIKH NIVELIRNYKH SETEJJ / TAMUTIS, Z.P.

IN: GEOD., KARTOGR. I AEHROFOTOS''JOMKA
L'VOV, 1986, VYP.43. - S. 93 - 99
UEBERS. D. SACHT.: PROJEKTIERUNG KINEMATISCHER NIVELLEMENTSNETZE

> L191, Z117., B103.

12.15.37
UNTER KINEMATISCHEM NIVELLEMENTSNETZ VERSTEHT MAN EIN NETZ MIT VERAENDERLICHER DRITTER PUNKTKOORDINATE IM RECHTWINKLIGEN KOORDINATENSYSTEM. ALGORITHMUS ZUR AUSGLEICHUNG KINEMATISCHER NIVELLEMENTSNETZE, BEI DEM DIREKT NUR DIE SENKUNGEN BZW. DIE SENKUNGSGESCHWINDIGKEITEN VON PUNKTEN ERMITTELT WERDEN.GENAUIGKEIT DER BESTIMMUNG DER SENKUNGEN. 8 LIT.

=HOEHENNETZ, AUSGLEICHUNGSRECHNUNG, ALGORITHMUS,
=SENKUNGSMESSUNG, KINEMATIK
RUSSISCH A 5.239

0096
STATION ADJUSTMENT THROUGH THE GENERALIZED INVERSES OF A MATRIX / SAITO, T.

IN: J. GEOD. SOC. JAP.
KITASATO 30(1984)3. - S. 198-203
UEBERS. D. SACHT.: STATIONSAUSGLEICHUNG MIT HILFE VERALLGEMEINERTER INVERSEN EINER MATRIX

> VUGTK, 23949., B103.

12.15.37
VERBESSERUNGSGLEICHUNGEN FUER DIE STATIONSAUSGLEICHUNG, DIE ZUM NORMALGLEICHUNGSSYSTEM MIT SINGULAERER MATRIX FUEHREN. EINE NEUE AUSGLEICHUNGSSTRATEGIE, DIE ALS HILFSMITTEL EINE S-TRANSFORMATION NUTZT. SCHAETZUNGEN VON PARAMETERN UND VARIANZ-KOVARIANZ-KOMPONENTEN HINSICHTLICH DER BEDINGUNGEN VON ERWARTUNGSTREUER UND MINIMALER VARIANZ.

=AUSGLEICHUNGSRECHNUNG, =MATRIZENRECHNUNG,
=RICHTUNGSMESSUNG, WINKELMESSUNG, FEHLERGLEICHUNG
JAPAN. A 5.274

0097

VYSOKOHORSKE SITE DEFINOVANE MERENYMI DELKAMI / HRADILEK, LUDVIK ; LOULOVA, ALENA ; BLAZHEK, MIROSLAV

IN: GEOD. A KARTOGR. OBZOR
PRAHA 32(1986)3. - S. 53-56
UEBERS. D. SACHT.: HOCHGEBIRGSNETZE, DEFINIERT DURCH LAENGENMESSUNGEN

> VUGK,12., L191,Z15., 88/19.

12.15.37
AM TESTNETZ ZHIARSKA DOLINA (WESTLICHE TATRA) WURDE FESTGESTELLT, DASS MAN IN DREIDIMENSIONALEN LOKALEN NETZEN, DIE NUR MITTELS GEMESSENER LAENGEN DEFINIERT SIND, DIE RAUMLAGE DER HOCHGEBIRGSGIPFEL MIT EINER GENAUIGKEIT BESSER ALS 1 CM BESTIMMEN KANN.

=RAEUMLICHES NETZ, =AUSGLEICHUNGSRECHNUNG, GEBIRGE
TSCHECH. A 5.339

0098

DER BRITISCHE ORT DES MESSFALLES (ALP, S) / WUNDERLICH, THOMAS

IN: VERMESS.-WESEN U. RAUMORDN.
BONN 47(1985)5. - S. 261 - 263
UEBERS. D. SACHT.: THE CRITICAL CONFIGURATION OF THE PROBLEM (ALP, S)

> 88/19, Z 21., B103., L191.

12.15.37
USING THE BRANDSTAETTER FORMULAE, THE HELMERT ERROR OF POSITION FOR AN UNUSUAL SINGLE POINT DETERMINATION IS DERIVED.IT ONLY TAKES A SIMPLE GEOMETRICAL RELATION TO TRANSFORM IT INTO AN UNEXPECTED CONDITION FOR THE CRITICAL CONFIGURATION OF THE PROBLEM.

PUNKTEINSCHALTUNG, EINSCHNEIDEN
DTSCH. A 5.376

12.23 ANGEWANDTE GEODAESIE UND TOPOGRAFIE
12.23.05 GEODAETISCHE GRUNDLAGEN FUER TOPOGRAFISCHE UND INGENIEURGEODAETISCHE ARBEITEN

SIEHE AUCH: 0085
0099

12.29 FOTOGRAMMETRIE UND FERNERKUNDUNG
12.29.21 FOTOGRAMMETRISCHE BESTIMMUNG VON PASSPUNKTEN

0099

COMPUTERGESTUETZTE MOEGLICHKEITEN FUER DIE AUSGLEICHUNG UEBERSCHUESSIGER INFORMATION EINSCHLIESSLICH DES PROBLEMS DER LAGERUNG DES FREIEN NETZES DURCH ANFELDERUNG / SCHMID, HELLMUT H.

IN: VERMESS.PHOTOGRAMM. KULTURTECHNIK ZUERICH 84(1986)3. - S. 79 - 84

> 88/19, Z 43., L191., B103.

12.29.21, 12.23.05, 12.15.37
FUER DIE STATISTISCHE BEHANDLUNG VON UEBERSCHUESSIGER INFORMATION WIRD EIN UNIVERSELL ANWENDBARES KONZEPT VORGEFUEHRT. DIE EINBEZIEHUNG VON ZUSAETZLICHEN BEDINGUNGSGLEICHUNGEN ZWISCHEN DEN UNBEKANNTEN WIRD VERALLGEMEINERT INDEM DEREN AUSSAGEN WIE ZUFALLSVARIABLE BEHANDELT WERDEN. BEI GENUEGEND UNIVERSELLER INTERPRETIERUNG DES ANGEGEBENEN ALGORITHMUS WIRD DAMIT DIE VERSCHMELZUNG VON VERSCHIEDENEN MESSANORDNUNGEN UND DIE EINBEZIEHUNG VON PSEUDOBEOBACHTUNGEN ERMOEGLICHT. SCHLIESSLICH WIRD DIE FUER DIE BILDMESSUNG BESONDERS WICHTIGE METHODE DER ANFELDERUNG DES FREIEN NETZES EROERTERT.

=AUSGLEICHUNGSRECHNUNG, FREIES NETZ, FOTOGRAMMETRISCHES NETZ
DTSCH. A 5.401

45 PHYSIK
45.29 OPTIK, NICHTLINEARE OPTIK UND QUANTENELEKTRONIK

SIEHE AUCH: 0087

0100

LITERATUR UEBER REFRAKTIONSEINFLUSS BEIM TRIGONOMETRISCHEN NIVELLEMENT : LITERATURZUSAMMENSTELLUNG / KOMBINAT GEODAESIE UND KARTOGRAPHIE, FORSCHUNGSZENTRUM/IWT . - 1975 - 1985 1985. - 83 TITEL

> L191, LIT.23/85.

45.29, 12.15.33

=TRIGONOMETRISCHE HOEHENMESSUNG, =REFRAKTION, REFRAKTIONSKORREKTION, AEUSSERER EINFLUSS
DTSCH. A 5.140

47 ASTRONOMIE
47.15 ASTROMETRIE

SIEHE AUCH: 0022
0065
0066
0073
0075
0076
0077

47.51 OBSERVATORIEN, INSTRUMENTE UND METHODEN ASTRONOMISCHER BEOBACHTUNGEN

SIEHE AUCH: 0064

49 GEOPHYSIK
49.31 PHYSIK DER ERDE

SIEHE AUCH: 0011
0041

51 GEOLOGIE
51.17 GEOTEKTONIK

SIEHE AUCH: 0016

69 GERAETE, MATERIALIEN UND METHODEN DER ELEKTROTECHNIK UND ELEKTRONIK
69.49 FUNKMESSTECHNIK, FUNKNAVIGATION UND FUNKSTEUERUNG

SIEHE AUCH: 0079

---

73 KONSTRUKTION, FERTIGUNG UND PRUEFUNG VON GERAETEN
73.07 KONSTRUKTION UND PRUEFUNG GEODAETISCHER GERAETE

SIEHE AUCH: 0033

73.19 GEOPHYSIKALISCHE GERAETE

SIEHE AUCH: 0027
0093

I N H A L T S V E R Z E I C H N I S

AUTORENREGISTER

A U T O R E N R E G I S T E R

D E S K R I P T O R E N R E G I S T E R

D E S K R I P T O R E N R E G I S T E R

D E S K R I P T O R E N R E G I S T E R

D E S K R I P T O R E N R E G I S T E R

bibliographia geodaetica

Special Bibliography

Set G

Geodesy, Geodetic Measuring-Techniques and their Treatment

Part 8 · 1986

Akademie-Verlag Berlin

Volume 24 · 1986 · No. 5

Set G · Part 8

THEORIA CUM PRAXI

ISSN 0006-1239 bibl. geod., Berlin 24 (1986) 5, Set G, Part 8

12 GEODAESIE, FOTOGRAMMETRIE UND KARTOGRAFIE
12.15 HOEHERE GEODAESIE, GEODAETISCHE MESSVERFAHREN UND IHRE BEARBEITUNG
12.15.05 MATHEMATISCHE GEODAESIE

0001
POSSIBLE USE OF TRIDIMENSIONAL INVERSION IN GEOPHYSICAL PROBLEMS / DUFOUR, H. M.

IN: VEROEFF. ZENTRALINST. PHYSIK ERDE POTSDAM (1985) 81. T.1. - S. 104-109
UEBERS. D. SACHT.: MOEGLICHKEITEN DES GEBRAUCHS DREIDIMENSIONALER INVERSIONEN FUER GEOPHYSIKALISCHE PROBLEME

> B103, Q2548.

12.15.05
ES WERDEN DIE MOEGLICHKEITEN DER ANALYSE BESONDERER REGIONALER GEOPHYSIKALISCHER PROBLEME MIT HILFE MATHEMATISCHER INVERSIONEN DISKUTIERT. DIES WIRD AM BEISPIEL DER SPHAERISCHEN APPROXIMATION DER ERDOBERFLAECHE DEMONSTRIERT

=INVERSION (MATH), =ERDSCHWEREFELD, APPROXIMATION, ERDOBERFLAECHE, MATHEMATISCHE GEODAESIE, GEOPHYSIK
FRANZ., ENGL. A 5.423

0002
RESULTS CONCERNING RHEOLOGICAL PARAMETERS OF THE EARTH / HOEPFNER, J.

IN: VEROEFF. ZENTRALINST. PHYSIK ERDE POTSDAM (1985) 81. T.1. - S. 173-176
UEBERS. D. SACHT.: UEBER RHEOLOGISCHE PARAMETER DER ERDE

> B103, Q2548.

12.15.05, 12.15.09
FROM ASTROLAB-LATITUDEOBSERVATIONS THE CHANDLER PERIOD IS RELATED AND FROM THIS THE DEFORMATION FACTOR, THE LOVENUMBER K AND THE DEVIATIONS OF THESE VALUES. IN CONNECTION HERE WITH THE CHANDLERPERIOD FOR AN ANELASTIC EARTHMANTLE WAS DETERMINED

AUSWERTUNG DES INTERNATIONALEN MERIT-PROJEKTES AUF EINEM WORKSHOP UND EINER WISSENSCHAFTLICHEN KONFERENZ IN COLUMBUS (OHIO) VOM 29.7. BIS 2.8.1985.

=ERDROTATION, BEZUGSELLIPSOID, =KONFERENZ, 1985, =USA, SATELLITENGEODAESIE, VLBI-VERFAHREN, DOPPLERBEOBACHTUNG, LASERENTFERNUNGSMESSUNG
DTSCH. A 5.505

0003
O VLIJANII GRAVITACIONNOGO POLJA NA REZUL'TATY IZMERENIJJ NA GEODINAMICHESKIKH POLIGONAKH / BOLTANOV, V. I.

IN: GEOD. I KARTOGR.
MOSKVA 62(1986)2. - S. 6 - 10
UEBERS. D. SACHT.: UEBER DEN EINFLUSS DES SCHWEREFELDES AUF DIE ERGEBNISSE DER MESSUNGEN IN GEODYNAMISCHEN POLYGONEN

> L191, Z29., B103., 88/19.

12.15.09
GEGENUEBERSTELLUNG DER UNMITTELBAR GEMESSENEN WERTE AUS GEODAETISCHEN WIEDERHOLUNGSMESSUNGEN LIEFERT NICHT IMMMER ZUVERLAESSIGE INFORMATIONEN UEBER DIE DYNAMIK DES ZU UNTERSUCHENDEN GEBIETES. DIE MESSERGEBNISSE SIND INFOLGE DER LOTABWEICHUNGEN UND IHRER ZEITLICHEN AENDERUNGEN ZU KORRIGIEREN.

=BESTIMMUNG VON ERDKRUSTENBEWEGUNGEN, WIEDERHOLUNGSMESSUNG, GEODYNAMIK, GEODAETISCHES VERFAHREN, =KORREKTION WEGEN DER MASSENVERTEILUNG IN DER ERDE
RUSSISCH A 9.570

0004
O RESHENII INTEGRAL'NYKH URAVNENIJJ TEORII FIGURY ZEMLI / JURKINA, M. I.

IN: GEOD. I KARTOGR.
MOSKVA62(1986)1. - S. 8 - 13
UEBERS. D. SACHT.: ZUR LOESUNG VON INTEGRALGLEICHUNGEN DER THEORIE DER ERDFIGUR

> L191, Z29., B103., 88/19.

12.15.09
DIE DICHTE EINER EINFACHEN SCHICHT, DIE AUF DER ERDOBERFLAECHE VERTEILT IST UND DIE ANZIEHUNG DER ANOMALEN MASSEN INNERHALB DER ERDE ERSETZT, KANN

GEMEINSAM MIT DER ZERLEGUNGEN DES GEOPOTENTIALS IN SPHAERISCHEN FUNKTIONEN DIE ROLLE EINER DATENBANK FUER MESSDATEN ALLER ART SPIELEN, NACH DENEN MAN UEBER ZERLEGUNG UND DICHTE DIE ELEMENTE DES SCHWEREFELDES ABLEITEN KANN. 22 LIT.

=PHYSIKALISCHES VERFAHREN (ERDFIGURBESTIMMUNG), INTEGRALGLEICHUNG, =ERDSCHWEREFELD
RUSSISCH A 5.583

0005

TEORETICHNI I EKSPERIMENTALNI IZSLEDVANIJA NA CENTRALNATA LABORATORIJA PO VISSHA GEODEZIJA V OBLASTTA NA SAHVREMENNITE DVIZHENIJA NA ZEMNATA KORA / TOTOMANOV, IVAN

IN: GEOD., KARTOGR., ZEMEUSTROJJSTVO
SOFIJA 25(1985)2. - S. 3-6
UEBERS. D. SACHT.: THEORETICAL AND EXPERIMENTAL STUDIES OF THE CENTRAL LABORATORY FOR GEODESY IN THE FIELD OF RECENT CRUSTAL MOVEMENTS

> L191, Z95., 88/19.

12.15.09
A SUMMARIZED REVIEW OF SOME OF THE PRINCIPAL RESULTS FROM THEORETICAL AND EXPERIMENTAL STUDIES DURING THE PERIOD 1980-1984 IN THE AREA OF INVESTIGATING THE RECENT VERTICAL EARTH'S CRUSTAL MOVEMENTS IS GIVEN. THEORETICAL INVESTIGATIONS ON THE ADJUSTMENT OF PRECISE LEVELLING WHEN STUDYING THE RECENT VERTICAL EARTH'S CRUSTAL MOVEMENTS, LOCAL STUDIES ON A SHORT-TERM EARTHQUAKE PREDICTION AND WORKS ON THE REGIONAL DYNAMICS OF THE BALKAN PENINSULA AND OF SOUTH-EASTERN EUROPE ARE MADE. APPLICATIONS OF THE DATA ON RECENT VERTICAL MOVEMENTS IN THE NATIONAL SCIENTIFIC AND SOCIAL PRACTICE ARE CITED. 22 LIT.

=BESTIMMUNG VON ERDKRUSTENBEWEGUNGEN, VERTIKALKOMPONENTE, BULGARIEN, ERDBEBENVORHERSAGE + GEODYNAMIK, BALKAN
BULGAR. A 5.597

0006

SPECIALNA GEODEZICHESKA MREZHA ZA IZSLEDVANE NA LOKALNI KHORIZONTALNI DVIZHENIJA NA ZEMNATA KORA / PETROV, PAHRVAN

IN: GEOD., KARTOGR., ZEMEUSTROJJSTVO
SOFIJA 25(1985)2. - S. 10-12

UEBERS. D. SACHT.: SPECIAL GEODETIC NETWORK FOR STUDYING THE LOCAL HORIZONTAL EARTH'S CRUSTAL MOVEMENTS

> L191,Z95., 88/19.

12.15.09
THE GEODETIC NETWORK MONUMENTED IN THE REGION OF THE PANCHAREVO WATER BASIN SITUATED SOUTH-EASTWARDS OF SOFIA IS EXAMINED. IT IS POINTED OUT THAT THIS NETWORK WILL BE USED AS A BASIS OF FUTURE REPEATED MEASUREMENTS.

=BESTIMMUNG VON ERDKRUSTENBEWEGUNGEN, =SPEZIELLES NETZ, LOKALES NETZ, BULGARIEN, TRIANGULATIONSNETZ, HORIZONTALKOMPONENTE, ELEKTROOPTISCHE ENTFERNUNGSMESSUNG, WINKELMESSUNG
BULGAR. A 5.598

0007
EDNA APROKSIMACIJA NA NORMALNOTO GRAVITACIONNO POLE NA ZEMJATA / STOJJNOV,VLADIMIR ; VAHLEV, GEORGI

IN: GEOD., KARTOGR., ZEMEUSTROJJSTVO
SOFIJA 25(1985)3. - S.3-6
UEBERS. D. SACHT.: AN APPROXIMATION OF THE NORMAL GRAVITY FIELD OF THE EARTH

> L191,Z95., 88/19.

12.15.09
BY THE HELP OF A SUITABLE CHOICE OF A CONFOCAL COORDINATE SYSTEM, A COINCIDENCE OF THE NORMAL FIELD AND THE FIELD OF THE LEVEL-ELLIPSOID IS OBTAINED. IN THIS CASE, THE PARAMETERS OF THE EARTH'S FIGURE AND THE GRAVITATIONAL FIELD (THE NORMAL GRAVITY, THE GRAVITY ANOMALY,THE NORMAL HEIGHT TC.) ON THE PHYSICAL EARTH'S SURFACE, OR IN THE SPACE CLOSE TO IT,COINCIDE WITH THE RESPECTIVE VALUES CALCULATED WITH RESPECT TO THE LEVEL-ELLIPSOID. THE LINES OF FORCE OF THE NORMAL FIELD COVER THE SECTIONS OF THE LEVEL-SURFACES BY THE COORDINATE LINES IN THE MERIDIAN PLANE, AT THIS APPROXIMATION.

=ERDSCHWEREFELD, APPROXIMATION, KOORDINATENSYSTEM, BEZUGSELLIPSOID
BULGAR. A 5.604

0008
GEODAESIE UND ERDROTATION / MORITZ, HELMUT

BERLIN: AKADEMIE-VERLAG, 1985. - 13 S.: 6 ABB., 7 LIT.
(SITZUNGSBERICHTE DER ADW DER DDR ; 7N/1985)

> L191, 8778.

12.15.09
EINFUEHRUNGS- UND UEBERBLICKSVORTRAG ZUM PROBLEM DER ERDROTATION.

GEODAESIE, =ERDROTATION, ROTATIONSSCHWANKUNG, GESCHWINDIGKEIT, =POLBEWEGUNG, SATELLITENGEODAETISCHES VERFAHREN
DTSCH. A 5.637

0009
AUFLASTGEZEITEN / ZSCHAU, I.
KIEL, 1979. - 243 S. : 34 ABB., 11 TAB., ZAHLR. LIT., 1 ANH.
KIEL, UNIV., DISS. B

> B103, PR.

12.15.09
ES WERDEN AUFLASTGEZEITEN IM VERGLEICH ZU KOERPERGEZEITEN AUF EINER VISKOELASTISCHEN ERDE UND DIE INVERSION KLINOMETRISCHER AUFLASTGEZEITEN ZUR BESTIMMUNG DER KRUSTEN-MANTEL-STRUKTUR DER ERDE UNTERSUCHT. HIERFUER WURDE EINE THEORIE ZUR BEHANDLUNG VON AUFLASTGEZEITEN AUF EINER VISKOELASTISCHEN ERDE ENTWICKELT

=ERDGEZEITEN, MEERESGEZEITEN, ERDKRUSTE, ERDMANTEL, VERGLEICHENDE UNTERSUCHUNG, LOVESCHE ZAHLEN, INVERSION (PHYS), ERDELASTIZITAET
DTSCH. A 5.712

0010
TIDAL GRAVIMETRY: PHYSICAL MODELS AND NUMERICAL METHODS FOR THE REDUCTION OF ENVIRONMENTAL AND INSTRUMENTAL PROBLEMS IN APPLICATIONS TO EARTH AND OCEAN TIDE MEASUREMENTS / SCHERNECK, HANS-GEORG
UPPSALA, 1986. - 180 S. : ZAHLR. ABB., ZAHLR. TAB., ZAHLR. LIT.
UEBERS. D. SACHT.: GEZEITENGRAVIMETRIE: PHYSIKALISCHE MODELLE UND NUMERISCHE METHODEN ZUR REDUZIERUNG VON UMFELDEINFLUESSEN UND INSTRUMENTELLEN EFFEKTEN IN BEZUG AUF ERD- UND MEERESGEZEITENMESSUNGEN
UPPSALA, UNIVERSITAET, DISS. A

> B103, DI.

12.15.09
DETERMINATION OF STRUCTURAL PARAMETERS OF THE EARTH WITH TIDAL GRAVIMETRY, DATA ACQUISITION, THE DYNAMIC RESPONSE OF THE ASKANIA CS 15 GRAVIMETER, THE EFFECTS OF SENSOR NONLINEARITIES AND THE INFLUENCE OF BAROMETRIC PRESSURE FLUCTUATIONS AT MEDIUM AND HIGH FREQUENCIES, MODELLING THE LONG TERM RESPONSE OF THE ASKANIA CS 15 GRAVIMETER, THE INFLUENCE OF BAROMETRIC PRESSURE AND TEMPERATURE

=ERDGEZEITEN, =VERTIKALKOMPONENTE, MODELLIERUNG (MATH), NUMERISCHES VERFAHREN, AEUSSERER EINFLUSS, INSTRUMENTENFEHLER, MEERESGEZEITEN, FEHLERMODELL, MESSWERTVERARBEITUNG, MESSWERTKORREKTION, PRAEZISIONSGRAVIMETRIE, ERDELASTIZITAET, LOVESCHE ZAHLEN
ENGL. A 5.718

0011
INTERPRETING THE AXIAL MEASUREMENTS OF THREE COMPONENTS OF THE GRAVITY OR MAGNETIC FIELD / SAVINSKY, I. D.

IN: IZVEST. AKAD. NAUK SSSR, FIZ. ZEMLI
MOSKVA (1986)4. - S. 51-66
UEBERS. D. SACHT.: INTERPRETATION VON IN DREI KOMPONENTEN AUSGEFUEHRTEN GRAVIMETRISCHEN UND MAGNETISCHEN MESSUNGEN

> B103, 03243.

12.15.09

=GRAVIMETERMESSUNG, =MAGNETISMUS, MESSWERTERFASSUNG, GEOMAGNETISCHE FELDGROESSE, POTENTIALFUNKTION, KOORDINATENSYSTEM, INTEGRALRECHNUNG, GRAVITATIONSFELD, MODELLIERUNG (MATH), DIFFERENTIALGLEICHUNG
RUSSISCH, ENGL. A 5.719

0012
HIGH PRECISION GRAVITY MEASUREMENTS ACROSS THE NORTH ANATOLIAN FAULT ZONE / BECKER, M. ; AKSOY, A. ; DEMIREL, H.

IN: BULL. INFORM.
TOULOUSE (1985)57. - S. 31-45
UEBERS. D. SACHT.: PRAEZISIONSSCHWEREMESSUNGEN UEBER DIE NORDANATOLISCHE VERWERFUNGSZONE HINWEG

> B103, Q2268., L191.

12.15.09
IN COOPERATION BETWEEN TUERKISH AND GERMAN INSTITUTES REPEATED PRECISION GRAVITY NETWORKS WERE CARRIED OUT WITH TWO LACOSTE ROMBERG GRAVIMETERS ACROSS THE NORTH ANATOLIEN TRANSFORM FAULT IN THE REGION OF BOLU. POINT GRAVITY VALUES FOR 10 STATIONS WERE DETERMINED WITH AN ACCURACY OF 1 TO 2 MICROGALS IN SINGLE EPOCHS

=GRAVIMETERMESSUNG, =PROFILAUFNAHME, SCHWERENETZ, GEOTEKTONISCHE STRUKTUR, KOOPERATION, TUERKEI, BRD
ENGL. A 5.720

0013
GEODETIC ASPECTS OF GRAVITY MEASUREMENTS IN AFRICA / BOEDECKER, G.

IN: BULL. INFORM.
TOULOUSE (1985) 57. - S.132-141
UEBERS. D. SACHT.: GEODAETISCHE GESICHTSPUNKTE VON SCHWEREMESSUNGEN IN AFRIKA

> B103, Q2268., L191.

12.15.09, 12.15.33
UTILIZATION OF GRAVITY VALUES, GEODETIC APPLICATIONS OF GRAVITY VALUES, GLOBAL GEOID-EARTHMODEL-HIGH REFERENCE,HIGHT DETERMINATION BY SPIRIT LEVELLING, GEODYNAMICS-GRAVITY CHANGES, REFERRING IAG 1984 RESOLUTIONS

=AFRIKA, =SCHWEREBESTIMMUNG, GEOIDUNDULATION, GEOPHYSIKALISCHES INTERPRETATIONSVERFAHREN, GEODYNAMIK, NIVELLEMENTSNETZ, SCHWEREANOMALIE, MODELLIERUNG (MATH)
ENGL. A 5.722

0014
AN ISOSTATIC ADJUSTMENT MODEL AND CROSS-SPECTRAL ANALYSIS OF THE GRAVITY FIELD AND EXTERNAL LOAD (THE CAUCASUS CASE STUDY) / ARTEMYEV, M. E. ; KABAN, M. K.

IN: IZVEST. AKAD. NAUK SSSR, FIZ. ZEMLI
MOSKVA (1986) 2. - S.54-65
UEBERS. D. SACHT.: EIN ISOSTATISCHES AUSGLEICHSMODELL UND EINE KREUZSPEKTRALANALYSE DES SCHWEREFELDES IM FALLE AEUSSERER BELASTUNG (UNTERSUCHUNG AM KAUKASUSMODELL)

> B103, 03243.

12.15.09

=ISOSTATISCHE ANOMALIE, =BELASTUNGSEFFEKT, MODELLIERUNG (MATH), AUSGLEICHSRECHNUNG, KAUKASUS, ERDSCHWEREFELD, SPEKTRALANALYSE
RUSSISCH, ENGL. A 5.723

0015
GEODYNAMICS / WALTER, L. S.
WASHINGTON, 1984. - S.1-49 : 2 ANH., 8 ABB.
(NASA CONFERENCE PUBLICATION ; 2325)
UEBERS. D. SACHT.: GEODYNAMIK
PROC. WORKSHOP AIRLIE HOUSE, VIRGINIA, 15. - 18. FEBR., 1983

> B103, 03017.

12.15.09, 12.15.17
1. INTRODUCTION AND BACKGROUND, SCIENTIFIC CONTEXT, NASA GEODYNAMICS PROGRAM, GEODETIC MEASUREMENTS, GLOBAL DYNAMICS MEASUREMENTS, GEOPOTENTIAL FIELDS,2. PROJECTIONS FOR SPACE GEODYNAMICS 1988 - 1998, GEOPOTENTIAL FIELDS (CONTINUATION), GLOBAL DYNAMICS, TECTONICS, REGIONAL TECTONICS-CRUSTAL HAZARDS,3. RECOMMENDED PROGRAM ACTIVITIES 1988 - 1998 GROUND-BASED OBSERVATIONS, SPACE MISSIONS, INSTRUMENT DEVELOPMENT, ANCILLARY MEASUREMENTS AND SUPPORTING ACTIVITIES

=GEODYNAMIK, =FORSCHUNGSPROGRAMM, SCHWEREPOTENTIAL, ERDSCHWEREFELD, MESSVERFAHREN, MESSUNG VOM SATELLITEN AUS, MESSWERTVERARBEITUNG, SATELLITENBEOBACHTUNGSSTATION, SATELLITENALTIMETRI, GEOTEKTONISCHE STRUKTUR, ERDROTATION, POLBEWEGUNG, ERDKRUSTE, LITHOSPHAERE, MEER, PLANETARE GEODAESIE
ENGL. A 5.724

0016
ESTIMATION OF THE CAVITY EFFECT FOR THE TIDAL STATION OF THE GEOPHYSICAL INSTITUTE OF THE SLOVAK ACADEMY OF SCIENCES IN VYHNE / BRIMICH, L. ; VASKOR, I.

IN: CONTR. GEOPH. INST. SLOV. ACAD. SCI.
BRATISLAVA (1986) 16. - S. 15-24
UEBERS. D. SACHT.: ABSCHAETZUNG DES CAVITYEFFEKTS FUER DIE GEZEITENSTATION DES GEOPHYSIKALISCHEN INSTITUTS DER SLOVAKISCHEN AKADEMIE DER WISSENSCHAFTEN IN VYHNE

> B103, Q2560.

12.15.09
DER CAVITYEFFEKT WURDE FUER DIE GEZEITENSTATION VYHNE BESTIMMT UNTER DER ANNAHME, DASS DER AUFSTELLUNGSORT DER TILTMETER EINEN ELLIPTISCHEN QUERSCHNITT HAT UND SICH IN EINEM HOMOGENEN, ISOTROPEN UND ELASTISCHEN MEDIUM BEFINDET

=ERDGEZEITEN, =OBSERVATORIUM, AEUSSERER EINFLUSS, HORIZONTALKOMPONENTE, HARMONISCHE ANALYSE, MESSWERTVERARBEITUNG, MESSWERTKORREKTION, ELASTIZITAET (PHYS)
ENGL. A 5.734

0017
ZEMNAJA KORA KONTINENTOV / REZANOV, I.A.

IN: ZEMLJA I VSELENNAJA
MOSKVA (1986)3. - S. 44 - 50
UEBERS. D. SACHT.: ERDKRUSTE DER KONTINENTE : THE EARTH'S CRUST OF THE CONTINENTS

> 88/19., L191.

12.15.09, 51.19
THE SOLUTION OF MANY PROBLEMS OF GEOLOGY AND GEOPHYSICS DEPENDS ON THE CORRECT ANSWER TO THE QESTION OF THE GEOLOGICAL COMPOSITION OF THE EARTH'S CRUST DEVELOPED ON LATEST SCIENTIFIC FINDINGS IS DESCRIBED IN THIS ARTICLE.

=ERDKRUSTE, GEOLOGISCHE ERKUNDUNG, ERDKRUSTENDICHTE, GEOFHYSIK, GEOLOGIE
RUSSISCH A 5.755

0018
DETAILED GRAVITY ANOMALIES AND SEA SURFACE HEIGHTS DERIVED FROM GEOS-3/SEASAT ALTIMETER DATA / RAPP, RICHARD H.
COLUMBUS:OHIO STATE UNIV., 1985. - 126 S.:ABB., LIT.
(REP.DEP.GEOD. SCI. AND SURVEY. ; 365)
UEBERS. D. SACHT.: DETAILLIERTE SCHWEREANOMALIEN UND MEERESOBERFLAECHENHOEHEN ABGELEITET AUS GEOS-3/SAESAT-ALTIMETERMESSUNGEN

> 88/19., B103.

12.15.09, 12.15.17

GRAVITY ANOMALIES AND SEA SURFACE HEIGHTS HAVE BEEN COMPUTED ON A 0.125 GRID IN THE OCEAN AREAS FROM A COMBINED GEOS-3/SEASAT ALTIMETER DATA SET. THE BASIC PROCEDURE USED LEAST SQUARES COLLOCATION ESTIMATION WHERE MODEL COVARIANCE MODELS WERE TAILORED TO INDIVIDUAL AREAS THROUGH ALTIMETER RESIDUAL VARIANCE SCALING.PRELIMINARY TESTS LED TO PRODUCTION PREDICTION PROCEDURES USING A REFERENCE MODEL DEFINED BY A SET OF POTENTIAL COEFFICIENTS COMPLETE TO DEGREE 180. COMPARISONS OF THE PREDICTED ANOMALIES WITH SHIP DERIVED VALUES SHOWED AGREEMENTS VARYING FROM +-9 TO +-30 MGALS.

=KUENSTLICHER SATELLIT, SCHWEREANOMALIE, SATELLITENALTIMETRI, =GEOIDBESTIMMUNG, MEERESOBERFLAECHE, TOPOGRAFIE
ENGL. A 5.758

12.15.13 GEODAETISCHE ASTRONOMIE

SIEHE AUCH: 0030
0036
0047

0019

TAKING INTO ACCOUNT OF THE MAGNITUDE EQUATION USING EXPOSURES OF DIFFERENT DURATION : 1. A MATHEMATICAL MODEL FOR TAKING INTO ACCOUNT OF THE MAGNITUDE EQUATION / IVANOV, G. A. ; ONEGINA, A. B. ; JACENKO, A. J.

IN: ASTROM. I ASTROFIZ.
KIEV 53(1984). - S. 53-56
UEBERS. D. SACHT.: RECHNUNGEN MIT DER HELLIGKEITSGLEICHUNG UNTER VERWENDUNG VON AUFNAHMEN UNTERSCHIEDLICHER DAUER : 1. EIN MATHEMATISCHES MODELL FUER DIE ANWENDUNG DER HELLIGKEITSGLEICHUNG

> B 103, 03664.

12.15.13, 47.15
ES WIRD EIN MATHEMATISCHES MODELL VORGESTELLT, DAS UNTER BESTIMMTEN AUFNAHMEBEDINGUNGEN DEN LINEAREN FEHLERANTEIL DER HELLIGKEITSGLEICHUNG ELIMINIERT

FOTOGRAFISCHE ASTROBEOBACHTUNG, ASTROMETRIE, MODELLIERUNG (MATH), MESSWERTVERARBEITUNG, FEHLERBETRACHTUNG
RUSSISCH, ENGL. A 5.713

0020

TIME AND LATITUDE OBSERVATION OF THE MIZUSAWA PZT IN THE OBSERVATION ROOM ABOVE THE GROUND / KAKUTA, C. ; HARA, T. ; KITAGO, H.

IN: PUBL. INTERNAT. LATITUDE OBSERV. MIZUSAWA MIZUSAWA 18 (1984) 2. - S.49-62
UEBERS. D. SACHT.: ZEIT- UND BREITENBEOBACHTUNGEN MIT DEM MIZUSAWA-PZT IN EINEM BEOBACHTUNGSRAUM UEBER TERRAIN

> B103, Q2311.

12.15.13
THE MIZUSAWA PZT WAS MOVED FROM ITS SEMIBASEMENT LOCATION (THE SECOND PZT OBSERVATION ROOM) TO A LOCATION 6,65 M ABOVE GROUND LEVEL (THE THIRD PZT OBSERVATION ROOM) IN ORDER TO AVOID THE EFFECTS OF TEMPERATURE VARIATIONS NEAR THE GROUND DURING OBSERVATIONS

=FOTOGRAFISCHES ZENITTELESKOP, =LAENGENBESTIMMUNG, =BREITENBESTIMMUNG, TEMPERATURGRADIENT, OBSERVATORIUM, JAPAN, REFRAKTION
ENGL. A 5.725

0021

AUTOMATIC-ELECTRONIC ASTROLABE AT MIZUSAWA / TSUBOKAWA, J. ; TSUBOKAWA, T. ; ASARI, K.

IN: PUBL. INTERNAT. LATITUDE OBSERV. MIZUSAWA MIZUSAWA 18 (1984) 2. - S.105-125
UEBERS. D. SACHT.: EIN AUTOMATISCHES ELEKTRONISCHES ASTROLAB AM OBSERVATORIUM MIZUSAWA

> B103, Q2311.

12.15.13
ES WERDEN KONSTRUKTION UND AUFSTELLUNG EINES VON TSUBOKAWA ENTWICKELTEN ASTROLABS AM INTERNATIONALEN BREITENOBSERVATORIUM MIZUSAWA BESCHRIEBEN. DAS INSTRUMENT ARBEITET VOLLAUTOMATISCH UND COMPUTERGESTEUERT. DIE GENAUIGKEIT IST VERGLEICHBAR MIT DER DER PZT DES ILOM

=ASTROLAB, =AUTOMATISIERTES SYSTEM, ELEKTRONISCHES MESSVERFAHREN, FOTOGRAFISCHES ZENITTELESKOP, MIKRORECHNER, NEIGUNGSMESSGERAET
ENGL. A 5.727

0022
MODELLE ZUR PRAEDIKTION VON POLARKOORDINATEN FUER DIE MONDREFLEKTOREN IM DYNAMISCHEN ERDE-MOND-SYSTEM / TEICHERT, BERND-DIETER
BONN, 1985. - 124 S. : ZAHLR. ABB., ZAHLR. TAB.,ZAHLR. LIT.
(MITT. GEOD. INST. UNIV. BONN)
BONN, UNIV., DISS. A.

> B103, 82611.

12.15.13
ALLGEMEINE GRUNDLAGEN DER MODELLBILDUNGEN,MECHANISCH-ANALYTISCHES MODELL ZUR VORAUSBERECHNUNG DER EINSTELLDATEN, MODELL ZUR VORAUSBERECHNUNG DER EINSTELLDATEN MIT HILFE DER REKURSIVEN KALMAN-FILTERUNG

=ERDE (PLANET), =MOND, =POLARKOORDINATEN, FILTERUNG, MODELLIERUNG (MATH), GEODYNAMIK, BEWEGUNG VON HIMMELSKOERPERN, REFRAKTIONSKORREKTION, ABERRATION
DTSCH. A 5.733

0023
PRECISION ASTRONOMIQUE EN PRESENCE DE BRUIT : 1.BRUIT DE DETECTION / GAY, J. ; POCHET, J.M.

IN: ASTRON. AND ASTROPHYS. EUR. J.
BERLIN (W.) 155(1986)2. - S. 256 - 264
UEBERS. D. SACHT.: ASTROMETRISCHE GENAUIGKEIT BEI EINEM VORHANDENEN RAUSCHPEGEL : 1. PHOTONENRAUSCHEN - NOISE AND ASTROMETRIC PRECISION, DETECTION NOISES

> 88/19.

12.15.13
THE INFLUENCE OF DETECTING NOISE ON THE ACCURACY OF STELLAR POSITION MEASUREMENTS IS STUDIED. FOR THIS PURPOSE THE ASTROMETRIC INSTRUMENT CAN BE REDUCED TO AN OBJECTIVE FORMING, IN THE FOCAL PLANE, AN IMAGE WHICH BECAUSE OF THE DIURNAL MOTION, CROSSES THE OPTICAL FIELD IN FRONT OF A GRID. THE RADIATION TRANSMITTED BY THE GRIDIS COLLECTED BY A LIGHT DETECTOR WHICH DELIVRES A SIGNAL WHOSE TEMPORAL EVOLUTION PERMITS THE INSTANT THAT THE STAR PASSES THROUGH THE CENTRE OF THE OPTICAL FIELD TO BE DETERMINED.

=ASTROMETRIE, =SIGNALVERARBEITUNG, GENAUIGKEITSEINSCHAETZUNG, KUENSTLICHER SATELLIT

FRANZ. A 5.736

0024
PRECISION ASTROMETRIQUE EN PRESENCE DE BRUIT :
2.EFFETS ATMOSPHERIQUES / GAY, J. ; POCHET, J.M.

IN: ASTRON.AND ASTROPHYS. EUR. J.
BERLIN (W.)155(1986)2. - S. 265 - 277
UEBERS. D. SACHT.: ASTROMETRISCHE GENAUIGKEIT BEI EINEM VORHANDENEN RAUCHPEGEL : 2. ATMOSPHAERISCHE EINFLUESSE - NOISE AND ASTROMETRIC PRECISION, ATMOSPHERIC EFFECTS

> 88/19.

12.15.13, 47.15
OUR FIRST PAPER ESTABLISHED A GENERAL FORMULA LINKING THE ACCURACY OF THE DETERMINATION OF THE ANGULAR POSITION OF A STAR TO THE NOISE AFFECTING THE MEASUREMENT. ON APPLYING THIS RESULT TO THE SITUATION WHERE ONLY THE NOISE ARISING FROM THE DETECTION OF SOURCE RADIATION MODULATED BY THE FOCAL GRID IS PRESENT WE FOUND THAT FOR THE CERGA PHOTOELECTRIC ASTROLABE THE MEASUREMENT ACCURACY ACHIEVABLE WITH THIS FIRST KIND OF NOISE REPRESENTS AN ULTIMATE LIMIT WHICH CAN USUALLY NOT BE REACHED BECAUSE OF ATMOSPHERIC TURBULENCE.

=ASTROMETRIE, =SIGNALVERARBEITUNG,
GENAUIGKEITSEINSCHAETZUNG, ATMOSFHAERISCHER EINFLUSS
+ ASTROLAB, FOTOELEKTRISCHES MESSVERFAHREN
FRANZ. A 5.737

0025
NEWTON, HALLEY AND THE COMET / GINGERICH, OWEN

IN: SKY AND TELESCOPE
CAMBRIDGE,MASS. 71(1986)3. S. 230 - 232
UEBERS. D. SACHT.: NEWTON, HALLEY UND DER KOMET

> 88/19.

12.15.13, 47.15
DESCRIPTION OF THE HISTORICAL WORK OF E. HALLEY ON THE COMET HAVING BEEN NAMED AFTER HIM LATER ON. BY THE APPLICATION OF THE LAW OF GRATITATION TO THE ORBIT DETERMINATION OF COMETS. HALLEY PROVED THE EXISTENCE OF PERIODICAL COMETS AND SHOWED THAT THE HALLEY'S COMET HAS BEEN ALREADY OBSERVED FOR MANY CENTURIES.

=HIMMELSKOERPER, BEWEGUNG VON HIMMELSKOERPERN,
ENTWICKLUNGSGESCHICHTE
ENGL. A 5.744

0026
THE HIGH ROAD TO HALLEY / BEATTY, J. KELLY

IN: SKY AND TELESCOPE
CAMBRIDGE,MASS. 71(1986)3. - S. 244 - 245
UEBERS. D. SACHT.: AUF DEM WEG ZU HALLEY

> 88/19.

12.15.13, 47.15
COMPILATION OF DATA ON THE PROBES VEGA 1 AND VEGA 2, GIOTTO,SAKIGAKE, SUISEI AND ICE WHICH HAVE BEEN USED FOR THE INVESTIGATION OF COMET HALLEY. THE TECHNICAL CONSTRUCTION OF GIOTTO IS ILLUSTRATED IN DETAIL BY A SECTIONAL DRAWING.

=HIMMELSKOERPER, BEWEGUNG VON HIMMELSKOERPERN,
BAHNBEWEGUNG, =KUENSTLICHER SATELLIT
ENGL. A 5.745

12.15.17 KOSMISCHE GEODAESIE

SIEHE AUCH: 0015
0018

0027
RESHAVANE NA NORMALNITE URAVNENIJA PRI OPREDELJANE NA KOORDINATITE NA ZEMNI STANCII CHREZ DOPLEROVI NABLJUDENIJA NA IZKUSTVENI SPAHTNICI NA ZEMJATA / GERGOV, CVETAN

IN: GEOD., KARTOGR., ZEMEUSTROJJSTVO
SOFIJA 25(1985)3. - S. 7-8
UEBERS. D. SACHT.: SOLUTION OF NORMAL EQUATIONS WHEN DETERMINING COORDINATES OF GROUND SITATIONS BY DOPPLER OBSERVATIONS OF ARTIFICIAL EARTH'S SATELLITES

> L191,295., 88/19.

12.15.17
THE ACTUAL STATE OF THE DOPPLER OBSERVATIONS OF ARTIFICIAL EARTH'S SATELLITES FOR GEODETIC PURPOSES IS PRESENTED. THE OBSERVATION EQUATIONS, FOR A PARTICULAR CASE SUCH OBSERVATIONS, ARE GIVEN. A

SUITABLE ALGORITHM AIMED TO COMPOSE, TRANSFORM AND SOLVE THE NORMAL EQUATIONS, IS SUGGESTED WHICH ENSURES AN ECONOMICAL USE OF OPERATION MEMORY AND MACHINE TIME OF THE ELECTRONIC COMPUTERS.

=DOPPLERBEOBACHTUNG, =AUSWERTUNG DER SATELLITENBEOBACHTUNG, KOORDINATENBERECHNUNG, NORMALGLEICHUNGSSYSTEM, AUSGLEICHUNGSRECHNUNG, MATRIZENRECHNUNG
BULGAR. A 5.605

0028
ZUR ZEITHALTUNG AUF DER FUNDAMENTALSTATION WETTZELL / SCHLUETER, WOLFGANG ; FEIL, DIETER

IN: NACHR. KT.- U. VERMESS.-WESEN, R. 1
FRANKFURT /M., 1985. NR. 96. - S. 25-35

> L191, Z127., B103., 88/19.

12.15.17
BESCHREIBUNG DES ZEITSYSTEMS DER FUNDAMENTALSTATION WETTZELL UND DESSEN ANBINDUNG AN DIE INTERNATIONALE WELTZEITSKALA UTC.DIE ZEITABLAGEN DER LOKAL GENERIERTEN ZEITSKALA UTC (WETTZELL) GEGENUEBER UTC (BIH). ERPROBUNG DES GPS-ZEITEMPFAENGERS, DER VOM NAVAL RESEARCH LABORATORY ENTWICKELT WURDE.

=SATELLITENBEOBACHTUNGSSTATION, BRD, ZEIT, ZEITMESSUNG, =ZEITUEBERTRAGUNG
DTSCH. A 5.612

0029
LASER RANGING OF ARTIFICIAL SATELLITES / STEFANUTTI, L. ; CIRAOLO, L.

IN: BOLL. GEOD. E SCI. AFFINI
FIRENCE 44(1985)4. - S. 303-313
UEBERS. D. SACHT.: LASERENTFERNUNGSMESSUNG ZU KUENSTLICHEN SATELLITEN

> B103, 02391., L191., D57.

12.15.17
MAIN APPLICATIONS IN GEODESY AND OCEANOGRAPHY ARE DISCUSSED WHERE LASER RANGING MAY CONVENIENTLY BE APPLIED (MONITORING OF LOCAL, REGIONAL AND GLOBAL MOTIONS OF THE GROUND). ONE OF THE AIMS SHOULD BE THE RECOGNITION OF POSSIBLE CORRELATIONS BETWEEN SUCH MOVEMENTS AND THE OCCURRENCE OF EARTHQUAKES

=LASERENTFERNUNGSMESSUNG, =KUENSTLICHER SATELLIT, ORTUNG MIT KUENSTLICHEN SATELLITEN, RADIOINTERFEROMETRISCHE BEOBACHTUNG VON QUASAREN, ERDROTATION, VLBI-VERFAHREN
ENGL. A 5.717

0030
PHYSICAL MODELS ADOPTED IN KAPRI / MANABE, S. ; TAKAHASHI, Y. ; HANADA, H.

IN: PUBL. INTERNAT. LATITUDE OBSERV. MIZUSAWA
MIZUSAWA 18 (1984) 2. - S.93-104
UEBERS. D. SACHT.: DARSTELLUNG PHYSIKALISCHER MODELLE MIT HILFE VON KAPRI

> B103, Q2311.

12.15.17, 12.15.13
THE KAPRI-PROGRAM IS DESCRIBED FOR COMPUTING THE THEORETICAL DELAY AND DELAY-RATE OF GEODETIC VLBI-OBSERVATIONS AND THEIR PARTIAL DERIVATIVES WITH RESPECT TO PHYSICAL PARAMETERS. AS A GENERAL REFERENCE MERIT STANDARDS ARE USED

=ASTRONOMIE, =GEOPHYSIK, =MODELLVERSUCH, GEOMETRIE, VLBI-VERFAHREN
ENGL. A 5.726

0031
ANALYSIS ON THE MONITORING RESULTS OF THE SHORT WAVE SIGNALS FROM THE SATELLITE DONG-FANG-HONG 1 / ZHANG, ZHAO-XIEN ; DCHANG DCHAO-SHIEN

IN: ACTA GEOPH. SINICA
PEKING 29 (1986) 3. - S.228-234
UEBERS. D. SACHT.: ANALYSE VON KURZWELLENSIGNALEN DES SATELLITEN DONG-FANG-HONG 1

> B103, 02504.

12.15.17, 12.29.41
MONITORING RECORDS (20 MHZ RADIO WAVES) ARE ANALYSED AND INTERPRETED FROM THE FIRST CHINESE ARTIFICIAL SATELLITE DONG-FANG-HONG 1 AT CHINESE STATIONS

=KUENSTLICHER SATELLIT, =FREQUENZ, FUNKTECHNIK, MODULATIONSUEBERTRAGUNG, FUNKNAVIGATION, RADIOWELLENBEREICH
CHI, ENGL. A 5.732

12.15.21 MEERESGEODAESIE

0032
FOTOGRAMETRYCZNY POMIAR NATURALNEJ POWIERZCHNI MORZA / ORZECHOWSKI, JANUSZ ; SZECHOWSKI, BOGDAN

IN: PRZEGLAD GEOD.
WARSZAWA 57(1985)4-5. S. 15-18
UEBERS. D. SACHT.: PHOTOGRAMMETRISCHE MESSUNG DES NATUERLICHEN MEERESSPIEGELS

> L191, Z1., 88/19., B103.

12.15.21, 12.29.25
ALLGEMEINE UEBERLEGUNGEN ZUR METHODIK. KURZE BESCHREIBUNG DER DURCHGEFUEHRTEN ARBEITEN. IM ERGEBNIS DER UNTERSUCHUNGEN UND VERSUCHE WURDE EINE TECHNOLOGIE FUER DIE PHOTOGRAMMETRISCHE MESSUNG DES MEERESSPIEGELS ERARBEITET. ERFORDERLICHE GERAETE UND ZWEI MOEGLICHKEITEN DER AUSWERTUNG DER STEREOGRAMME.

=MEERESOBERFLAECHE, =FOTOGRAMMETRIE, STEREOAUSWERTUNG
POLN. A 5.616

12.15.25 ANLAGE GEODAETISCHER FESTPUNKTNETZE

SIEHE AUCH: 0046

0033
VIBRONABIVNYE SVAI-OBOLOCHKI KAK CENTRY GEODEZICHESKIKH PUNKTOV / KIM, A. JU. ; IGIL'MANOV, A. A. ; ISMAGAMBETOV, M. U.

IN: GEOD. I KARTOGR.
MOSKVA 62(1986)1. - S. 22 - 23
UEBERS. D. SACHT.: EINBRINGEN VON VIBRATIONSORTPFAEHLEN ALS ZENTREN GEODAETISCHER PUNKTE

> L191, Z29., B103., 88/19.

12.15.25
BESCHREIBUNG DER KONSTRUKTION DES VERMARKUNGSMITTELS VON HOHER STABILITAET FUER TRIANGULATIONSPUNKTE 3.

UND 4. O. IN GEBIETEN, IN DENEN DER BODEN HOECHSTENS BIS IN EINE TIEFE VON 2,5 M GEFRIERT, UND WO DER GRUNDWASSERSPIEGEL BEI 3 BIS 3,5 M LIEGT. DIE BETONEINSPARUNG BETRAEGT 35 BIS 40%, UND ES WIRD EINE STEIGERUNG DER ARBEITSPRODUKTIVITAET ERZIELT.

=VERMARKUNGSMITTEL, VERMARKUNG, TRIGONOMETRISCHER PUNKT
RUSSISCH A 5.587

0034
SAHSTOJANIE I RAZVITIE NA DAHRZHAVNATA NIVELACHNA MREZHA NA NR BAHLGARIJA / BOJADZHIEV, BELCHO

IN: GEOD., KARTOGR., ZEMEUSTROJJSTVO
SOFIJA 25(1985)2. - S. 12-15
UEBERS. D. SACHT.: STATUS AND DEVELOPMENT OF THE STATE LEVELLING NETWORK OF THE PEOPLE'S REPUBLIC OF BULGARIA

> L191,Z95., 88/19.

12.15.25
A SUMMARIZED REVIEW OF THE I AND II CLASS STATE LEVELLING NETWORK IS GIVEN, INCLUDING THE INTRODUCTION OF THE BALTIC HEIGHT SYSTEM AND THE CREATION OF LEVELLING OF III AND IV CLASS, BY WHICH SOME FEATURES ARE NOTED. THE TASKS OF THE FUTURE DEVELOPMENT ARE COUNTED OFF.

=NIVELLEMENTSNETZ; BULGARIEN, GEODAETISCHE BEZUGSFLAECHE, WIEDERHOLUNGSMESSUNG
BULGAR. A 5.599

0035
PRAEZISIONSNIVELLEMENTS IM BAYERISCHEN ANTEIL AM INTERNATIONALEN PROJEKT "ALPENNIVELLEMENTSNETZ" - ERGEBNISSE UND PROBLEME DER AUSWERTUNG / SCHELLEIN, H.

IN: MITT.-BL. DT. VEREINS VERMESS.-WESEN, LANDESVEREIN BAYERN
MUENCHEN 37(1985)2. - S. 157-169

> VUGTK, 13219.

12.15.25
URSPRUNG UND BEDEUTUNG DES ALPENNIVELLEMENTSNETZES. UMFANG DES BAYERISCHEN ANTEILS AM ALPENNIVELLEMENTSNETZ, VERWENDETE VERFAHREN UND GERAETE. INTERVALLE DER FESTGESTELLTEN HOEHENAENDERUNGEN UND DEREN INTERPRETATION.

ERREICHTE GENAUIGKEIT, ZUSAMMENSTELLUNG DER ERGEBNISSE.

=NIVELLEMENTSNETZ, =ALPEN, BAYERN, FEHLERBETRACHTUNG
DTSCH. A 5.686

0036
KOORDINATEN AUF GEODAETISCHEN BEZUGSFLAECHEN / HEITZ, S.
BONN, FERD. DUEMMLERS VERLAG, 1985. - 237 S. : 20 ABB., ZAHLR. LIT.
(DUEMMLERBUECHER GEODAESIE, VERMESSUNGSWESEN)

> B103, Q3300.

12.15.25, 12.15.13, 12.15.09
ALLGEMEINE MATHEMATISCHE GRUNDLAGEN,DARSTELLUNG DER TRANSFORMATIONSGLEICHUNGEN ZWISCHEN FLAECHENKOORDINATEN DURCH POTENZREIHEN, FLAECHENKOORDINATEN AUF ROTATIONSELLIPSOIDEN, DREIDIMENSIONALE PROBLEME

=GEODAETISCHE BEZUGSFLAECHE, =KOORDINATENSYSTEM, TRANSFORMATION (MATH), GLEICHUNGSSYSTEM, ROTATIONSBEWEGUNG (PHYS), DREIDIMENSIONALE GEODAESIE
DTSCH. A 5.730

0037
BEGRUENDUNG , BEOBACHTUNGSGLEICHUNGEN UND ERGEBNISSE FUER EIN DREIDIMENSIONALES GEOMATRISCH-PHYSIKALISCHES MODELL DER GEODAESIE / KAISER, JOCHEN

IN: Z. VERMESS.-WESEN
STUTTGART 111(1986)5. - S. 190 - 196

> 88/19, Z17., L191., B103.

12.15.25
STARTING WITH THE STATE OF THE ART OF SURVEYING AND GEODESY AND THE IMPACT OF MODERN HIGH PRECISE OBSERVATIONS THE NECESSITY OF A GENERAL MODEL FOR ALL GEODETIC OBSERVATIONS IS SHOWN. A CORRESPONDING GENERAL GEOMETRIC-PHYSICAL MODEL IS GIVEN AND EMPLOYED FOR CONVENTIONAL GEODETIC OBSERVATIONS.

DREIDIMENSIONALE GEODAESIE, GEODAETISCHES NETZ, AUSGLEICHUNGSRECHNUNG, BRD
DTSCH. A 5.749

0038
KRITERION - MATRIZEN 3: ZWEIDIMENSIONALE HOMOGENE UND ISOTROPE GEODAETISCHE NETZE / GRAFAREND, ERIK ; KRUMM, F. ; SCHAFFRIN, B.

IN: Z. VERMESS.-WESEN
STUTTGART 111(1986)5. - S. 197 - 207

> 88/19, Z17., L191., B103.

12.15.25, 12.15.37
THE FIRST PARAGRAPH IS DEVOTED TO THE TRANSFORMATION OF CRITERION MATRICES OF DATUM DEPENDENT PARAMETERS, ESPECIALLY OF TYPE HOMOGENEOUS AND ISOTROPIC OR TAYLOR-KARMAN. IN THE GENERAL CASE WE REFER TO A LINEARIZED GAUSS-MARKOV MODEL (PARAMETER ADJUSTMENT) WITH DISPERSIVE PRIOR INFORMATION. THE SECOND PARAGRAPH DEALS WITH THE QUESTION HOW AND ON WHICH LEVEL OF DATUM A COMPARISON CAN BE DRAWN BETWEEN DERIVED AND ALLOCATED, REAL AND IDEAL VARIANCE-COVARIANCE MATRICES.

=GEODAETISCHES NETZ, MATRIX, VARIANZANALYSE, KOVARIANZANALYSE, =MATRIZENOPERATION
DTSCH. A 5.750

12.15.33 GEODAETISCHE MESSVERFAHREN

SIEHE AUCH: 0013

0039
OBSERVATION OF THE DILATATIONAL STRAIN OF THE EARTH CRUST IN THE OLD OSAKAYAMA TUNNEL FOR MANY YEARS / OZAWA, I.

IN: J. GEOD. SOC. JAPAN
KITASATO 30(1984)2. - S. 122-130
UEBERS. D. SACHT.: LANGJAEHRIGE MESSUNGEN DES DILATATIONSSTRAINS DER ERDKRUSTE IM ALTEN TUNNEL IN OSAKAYAMA

> VUGTK, 23949., B103.

12.15.33
SEIT 1970 WERDEN IM ALTEN TUNNEL IN OSAKAYAMA STRAINMESSUNGEN IN DREI ORTHOGONALEN RICHTUNGEN DURCHGEFUEHRT, AUF DEREN BASIS EIN DILATATIONSSTRAIN DER ERDKRUSTE ABGELEITET WIRD. ES WERDEN DIE LANGPERIODISCHEN- UND SAEKULARAENDERUNGEN DES DILATATIONSSTRAINS SOWIE DIE STATISTISCHEN

ZUSAMMENHAENGE ZWISCHEN LANGPERIODISCHEN KRUSTENDEFORMATIONEN UND DEN VORBEREITUNGSPHASEN VON SEISMISCHEN ERSCHEINUNGEN UNTERSUCHT. GROSSE AUFMERKSAMKEIT WIRD DEM EINFLUSS DER NIEDERSCHLAEGE GEWIDMET.DIE DETAILLIERTE AUSWERTUNG DER NIEDERSCHLAGSMENGEN IN KURZER ZEITSPANNE ZEIGT,DASS DIESE IM ENTSPRECHENDEN PERIODENBEREICH DURCH AENDERUNG DES GRUNDWASSERDRUCKES ZU STRAINRATENAENDERUNGEN FUEHREN KOENNEN.

=STRAINBEOBACHTUNG, =JAPAN, FEHLERBETRACHTUNG,
=SEISMOLOGIE
ENGL. A 5.507

0040
TRIGONOMETRICHNA NIVELACIJA S TOCHNOST NA GEOMETRICHNATA NIVELACIJA / NAJJDENOV,KHRISTO

IN: GEOD., KARTOGR., ZEMEUSTROJJSTVO
SOFIJA 25(1985)1. - S. 10-12
UEBERS. D. SACHT.: TRIGONOMETRISCHES NIVELLEMENT MIT DER GENAUIGKEIT DES GEOMETRISCHEN NIVELLEMENTS

> L191, Z95., 88/19.

12.15.33
EINIGE FAKTOREN WERDEN DISKUTIERT, DIE DIE GENAUIGKEIT DES TRIGONOMETRISCHEN NIVELLEMENTS VERBESSERN SOLLEN, UM DIE GENAUIGKEIT DES GEOMETRISCHEN NIVELLEMENTS ZU ERREICHEN. DAS GESCHIEHT HAUPTSAECHLICH DURCH DEN EINSATZ VON EOT 2000, RECOTA, DISTOMAT USW.

=TRIGONOMETRISCHE HOEHENMESSUNG, GEOMETRISCHE HOEHENMESSUNG, FEHLERBETRACHTUNG,
PRAEZISIONSMESSVERFAHREN
BULGAR. A 5.593

0041
ON THE DESIGN OF THE INTERNATIONAL ABSOLUTE GRAVITY BASESTATION NETWORK (IAGBN) / BOEDECKER, G.

IN: BULL. INFORM.
TOULOUSE (1985) 57. - S.113-131
UEBERS. D. SACHT.: UEBER DIE ANLAGE EINES INTERNATIONALEN NETZES VON BASISSTATIONEN DER ABSOLUTEN SCHWERE (IAGBN)

> B103, Q2268., L191.

12.15.33, 12.15.09
GRAVITY VARIATIONS WITH TIME AND UNDERLYING GEOPHYSICAL PHENOMENA, CONSIDERATIONS FOR GLOBAL IAGBN NET DESIGN, LOCAL NET STRUCTURE AND STATION ENVIRONMENT, DESCRIPTION OF PROCEDURES, OBSERVATION CAMPAIGNS

=ABSOLUTE SCHWEREBESTIMMUNG, =SCHWERENETZ, NIVELLEMENTSNETZ, METROLOGIE, ERDMODELL, ERDKERN, GEOPHYSIKALISCHES VERFAHREN, MESSWERTVERARBEITUNG, GEOTEKTONISCHE STRUKTUR
ENGL. A 5.721

12.15.37 MATHEMATISCHE BEARBEITUNG GEODAETISCHER MESSUNGEN

SIEHE AUCH: 0038

0042
FRAGEN DER AUSGLEICHUNG AUSGEDEHNTER GEODAETISCHER NETZE : ARBEITSUEBERSETZUNG / KOMBINAT GEODAESIE UND KARTOGRAPHIE, FORSCHUNGSZENTRUM/IWT
LEIPZIG, 1986. 10 S.
UEBERS. AUS D. RUSS.
UEBERS.: VOPROSY URAVNIVANIJA OBSHIRNYKH GEODEZICHESKIKH SETEJ / BOL'SHAKOW, V. D.; MARKUZE, JU. I. - IN: IZVEST.VYSSH. UCHEBN. ZAVEDENIJJ, GEOD. I AEHROFOTOS''JOMKA. - MOSKVA 28(1984)6. S. 3-11

> L191, UE2410.

12.15.37

=AUSGLEICHUNGSRECHNUNG, =GEODAETISCHES NETZ
DTSCH., RUSSISCH A 5.485

0043
OB UCHJOTE REFRAKCII PRI NIVELIROVANII LAZERNOJJ PLOSKOST'JU / GALKIN, JU. S. ; POBEDINSKIJJ, G. G.

IN: GEOD. I KARTOGR.
MOSKVA 62(1986)2. - S. 17 - 21
UEBERS. D. SACHT.: ZUR BERUECKSICHTIGUNG DER REFRAKTION BEIM NIVELLEMENT MIT EINER LASEREBENE

> L191, Z29., B103., 88/19.

12.15.37
UNTERSUCHUNG VERSCHIEDENER KORREKTIONSVERFAHREN BEI EINER ZIELWEITE VON 800 BIS 1300 M. DIE KORREKTION

ANHAND SCHWANKUNGEN DES LASERSTRAHLS IST AM EINFACHSTEN ZU REALISIEREN UND STEHT IN DER GENAUIGKEIT DEN HERKOEMMLICHEN VERFAHREN NICHT NACH. 12 LIT.

=REFRAKTIONSKORREKTION, FEHLERBETRACHTUNG, =LASERSTRAHLENMESSVERFAHREN, =GEOMETRISCHE HOEHENMESSUNG
RUSSISCH A 5.573

0044
OPREDELJANE NA TEZHESTITE NA IZMERVANIJATA PRI IZRAVNENIE NA AHGLOVO-DAHLZHINNI MREZHI / VAHLCHINOV, VASIL

IN: GEOD., KARTOGR., ZEMEUSTROJJSTVO
SOFIJA 25(1985)2. - S. 19-21
UEBERS. D. SACHT.: BESTIMMUNG DER GEWICHTE VON MESSUNGEN BEI DER AUSGLEICHUNG VON WINKEL-STRECKEN-NETZEN

> L191,Z95., 88/19.

12.15.37
DIE BEDEUTUNG DER RICHTIGEN GEWICHTSBESTIMMUNG GEMESSENER RICHTUNGEN UND ENTFERNUNGEN UND DAS VERHAELTNIS ZWISCHEN DIESEN GEWICHTEN ALS EINE FUNKTION DER ENTSPRECHENDEN MITTLEREN FEHLER WIRD DARGESTELLT. DIE SCHRITTE DER LOESUNG SELBST WERDEN GEGEBEN UND EINIGE SCHLUSSFOLGERUNGEN GEZOGEN.

=GEWICHT (MATH), =AUSGLEICHUNGSRECHNUNG, =WINKEL-STRECKEN-NETZ
BULGAR. A 5.601

0045
DIE ERGEBNISSE DER KOLLOKATION IN WETTZELL / HAUCK, HERMANN

IN: NACHR. KT.- U. VERMESS.-WESEN, R. 1
FRANKFURT/M., 1985. - NR. 96. S. 5-13

> L191, Z127., B103., 88/19.

12.15.37
IN EINEM KOLLOKATIONSEXPERIMENT AUF DER SATELLITENBEOBACHTUNGSSTATION WETTZELL BEOBACHTETEN DREI LASERMESSSYSTEME GLEICHZEITIG DEN SATELLITEN LAGEOS.NACH EINER RESIDUENANALYSE DER GEMESSENEN ENTFERNUNGEN ZUM SATELLITEN KONNTEN FEHLER IN ZWEI GERAETEN AUFGEDECKT WERDEN, DIE ZU SYSTEMATISCHEN

BEOBACHTUNGSFEHLERN GEFUEHRT HATTEN.

=LASERENTFERNUNGSMESSUNG, =SATELLITENBEOBACHTUNG, =KOLLOKATION, FEHLERBETRACHTUNG, SYSTEMATISCHER FEHLER
DTSCH. A 5.611

0046
KRITERIUMMATRIZEN EBENER GEODAETISCHER NETZE / BILL, RALF
MUENCHEN, 1985. - 62 S. : 18 ABB., 7 TAB., ZAHLR. LIT.
(DT. GEOD. KOMMISS., R. A. ; 102)
ISSN: 0065-5309

> B1.03, Q2072., L191., D57.

12.15.37, 12.15.25
KRITERIUMMATRIZEN UND IHRE BEDEUTUNG FUER GEODAETISCHE NETZPROBLEME,KRITERIUMMATRIZEN MIT SPEZIELLEN EIGENSCHAFTEN,KORRELATIONSFUNKTIONEN, KORRELATIONSSTUDIEN IN EBENEN GEODAETISCHEN NETZEN, GEGENUEBERSTELLUNG DER UNTERSUCHUNGEN AN KOFAKTOREN- UND KRITERIUMMATRIZEN

=MATRIZENOPERATION, =GEODAETISCHES NETZ, KORRELATIONSANALYSE, NETZFORM, FEHLERMODELL, VARIANZANALYSE, KOVARIANZANALYSE
DTSCH. A 5.728

12.29 FOTOGRAMMETRIE UND FERNERKUNDUNG
12.29.25 FOTOGRAMMETRISCHE AUSWERTUNG

SIEHE AUCH: 0032

12.29.41 NICHTFOTOGRAFISCHE ERFASSUNG VON INFORMATIONEN AUS DER LUFT UND IHRE INTERPRETATION

SIEHE AUCH: 0031

12.39 SELENODAESIE UND PLANETODAESIE
12.39.05 SELENODAESIE

0047

THE DOMINANT RELATIVISTIC TERMS IN THE LUNAR THEORY /
SOFFEL, M. ; RUDER, H. ; SCHNEIDER, M.

IN: ASTRON. AND ASTROPHYS. EUR. J.
BERLIN (W.) 157(1986)2. - S. 357 - 364
UEBERS. D. SACHT.: DIE WESENTLICHEN RELATIVISTISCHEN
GLIEDER IN DER MONDTHEORIE

> 88/19

12.39.05, 12.15.13
THE TRANSITION FROM THE FRAME INDUCED BY THE
EINSTEININFELD-HOFFMANN (EIH) COORDINATE SYSTEM TO A
PROPER REFERENCE FRAME MOVING WITH THE EARTH-MOON
BARYCENTER IS DISCUSSED IN A SIMPLIFIED 3 - BODY
(EARTH, MOON, SUN) PROBLEM. IT IS DEMONSTRATED HOW
FOR THIS CASE THE EIH EQUATIONS OF MOTION REDUCE TO
THE EQUATION OF GEODESIC DEVIATION AFTER THE
TRANSFORMATION TO THE PROPER REFERENCE FRAME. WE
THEN PROCEED WITH A HILLBROWN CALCULATION FOR THE
DOMINANT RELATIVISTIC TERMS IN THE LUNAR LASER
RANGING OBSERVABLES IN THE PROPER REFERENCE FRAME.

=THEORETISCHE ASTRONOMIE, MOND, HIMMELSMECHANIK,
SYSTEM, ERDE (PLANET), MOND, SONNE
ENGL. A 5.741

47 ASTRONOMIE
47.15 ASTROMETRIE

SIEHE AUCH: 0019
0024
0025
0026

51 GEOLOGIE
51.19 REGIONALE GEOLOGISCH-GEOPHYSIKALISCHE UNTERSUCHUNGEN

SIEHE AUCH: 0017

I N H A L T S V E R Z E I C H N I S

A U T O R E N R E G I S T E R

D E S K R I P T O R E N R E G I S T E R

D E S K R I P T O R E N R E G I S T E R

Sources of supplies

Orders and subscriptions of the bibliographia geodaetica should be sent:

- in the German Democratic Republic to the Zeitungsvertriebsamt der Deutschen Post, Abt. Zentralvertrieb Berlin, Straße der Pariser Kommune 3-4, 1004 Berlin, or to the Akademie-Verlag Berlin, Leipziger Str. 3-4, DDR-1086 Berlin;
- in socialist countries to a book-shop for foreign-language literature, or to the responsible post-office;
- in the Federal Republic of Germany and Berlin (West) to a book-shop, or to the supply depot KUNST UND WISSEN, Erich Bieber OHG, Wilhelmstr. 4-6, D-7000 Stuttgart 1;
- in other West-European countries to a book-shop, or to the supply depot KUNST UND WISSEN, Erich Bieber GmbH, General Wille-Str. 4, CH-8002 Zürich;
- in the remaining foreign countries to the International Book and Journal Trade; to the Buchexport, Volkseigener Aussenhandelsbetrieb der Deutschen Demokratischen Republik, Postfach 160, DDR-7010 Leipzig, or to the Akademie-Verlag Berlin, Leipziger Str. 3-4, DDR-1086 Berlin.

Information of additional sources of supplies is given by the Bureau Central de l'AIG, 39ter, rue Gay Lussac, F-75005 Paris.

bibliographia geodaetica

Herausgeber: Nationalkomitee für Geodäsie und Geophysik der Akademie der Wissenschaften der Deutschen Demokratischen Republik, in Zusammenarbeit mit VEB Kombinat Geodäsie und Kartographie, Forschungszentrum; Gohliser Str. 4, DDR-7022 Leipzig;

Zentralinstitut für Physik der Erde der Akademie der Wissenschaften der DDR, Telegraphenberg, DDR-1500 Potsdam;

Sektion Geodäsie und Kartographie der Technischen Universität Dresden, Mommsenstr. 13, DDR-8027 Dresden.

Verlag: Akademie-Verlag Berlin, Leipziger Str. 3-4, DDR-1086 Berlin; Fernruf: 2236201 oder 2236229; Telex Nr.: 114420; Bank: Staatsbank der DDR, Berlin, Kto.-Nr.: 6836-26-20712.

Chefredakteur: Dr.-Ing. Heinz Finger.

Redaktion: Zentralstelle für Internationale Dokumentation der Geodäsie an der Universitätsbibliothek der Technischen Universität Dresden, Mommsenstr. 13, DDR-8027 Dresden; Fernruf: 4632823.

Druckgenehmigung: Ag 451/50/87

Druck: VEB Geodäsie und Kartographie Erfurt, KTE, Anger 6, DDR-5010 Erfurt.

Erscheinungsweise: Die "bibliographia geodaetica" erscheint 1986 6×.

Bezugspreis eines Jahrganges 120,- DM zuzüglich Versandspesen.

Der gültige Jahresbezugspreis für die DDR ist der Postzeitungsliste zu entnehmen.

Bestellnummer dieses Heftes: 1073/24/5

01500